馴鳥師教你
改變鸚鵡行為

帶你超越主人視角，從讀解到訓練鸚鵡行為
匹配度、好感度雙雙提升的鳥寶訓練4堂課

〔知名鳥類訓練師〕柴田祐未子／著　林以庭／譯

イ ン コ ＆ オ ウ ム の お 悩 み 解 決 帖

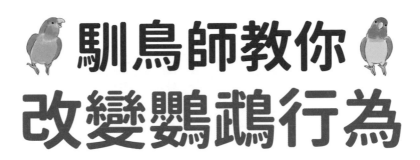

Contents

傷腦筋三 獨愛一人

傷腦筋四 其他

本篇配方適合

- 全家共同飼養的人
- 覺得鳥寶處於叛逆期的人

※在每篇小故事的結尾會以左圖的形式記載介紹的訓練方法適用於哪些鳥寶或飼主。

前言

建立與鳥寶之間期望的橋樑

你現在正在煩惱與鳥寶之間的關係嗎？

或是現在並沒有碰到什麼問題，但期待可以收穫一些有助於與鳥寶一起生活的知識；又或是雖然現在身邊沒有鳥寶，但有考慮和鳥寶一起生活，而翻開這本書。

大家拿起這本書的原因可能都不太一樣。無論出於什麼原因，我都很感謝各位讀者翻開了這本書。

鸚鵡的魅力不需要我多說明，相信大家都很了解。但我們在與牠們相處時確實會碰到傷腦筋的情況，其中有很多是無法光靠愛和時間來解決的。

要和鳥寶一起生活，有很多眉眉角角是我們必須了解的。比如飲食和飼養環境都與愛鳥的健康直接相關。那麼為牠準備一個舒適的環境，鳥寶就會幸福嗎？健康生活的要件不僅於此，我還認為尊重鳥寶的特性、協助牠們快樂生活，是飼主應盡的責任。鸚鵡幸福，飼主就

幸福。反過來也是一樣的道理。

本書以我們至今以來，受理諮詢的鸚鵡與飼主們的案例為基礎，重點式介紹溝通和訓練方法。每隻鸚鵡都有自己獨特的個性，而每一位飼主的個性和生活方式也都不盡相同。因此，本書的案例不一定適用於所有飼主和鳥寶。但廣納各式各樣的疑難雜症與對策，希望鳥友獲得啟發，並且應用到自己面臨的情況中。此外，我也會介紹鸚鵡的基本特性和訓練方法，這些非常簡單，但要明白：達成目標的途徑其實有很多。

鸚鵡會藉由肢體行為傳遞出訊息，每種行為都是有原因的。希望各位鳥友透過本書，不但可以開始理解鳥寶所傳達的訊息，反過來也能正確地將我們人類的感受傳遞給牠們。今後當你苦惱於自己與鳥寶的關係時，如果能提醒自己回到原點的話，就能看清人類的一廂情願和謬誤。若能再時不時回顧這本書，並有所助益，我會很高興的。

鳥類訓練師　柴田祐未子

啾友相談室

關於鳥寶的生活須知

無論你對鳥寶的感情多麼深厚，

和鳥寶一起生活，可能時不時會出現問題。

不過，如果你能學會如何正確地向鳥寶表達

「我希望你這麼做」，一定能找到解決問題的方法。

須知 ❶

鳥寶是家人般的存在

「我覺得是命中注定」、「和貓貓狗狗比起來較不占空間，照養也相對簡單」、「從小就一直和鳥寶一起生活」、「想被療癒」——我想每位鳥友開始與鸚鵡生活的契機都不盡相同。不管是出於什麼原因，想要和鳥寶一起生活，有很多事情飼主應該要事先了解。即便只要有餵飼料和水，鳥寶就能活下去。但光是這樣還不夠。既然決定要和鳥寶一起生活，希望鳥友至少能營造讓鳥寶自在的生活環境，讓其身心舒適、健康和幸福，並致力改善牠們的QOL（Quality of Life：生活品質／鳥生品質）。

如果能以不同於飼養貓狗的方式，來照顧鸚鵡並跟牠互動，同時拋開認定「這種品種就是這種個性」先入為主的印象，理解並尊重每隻鳥的個性，我相信不管是人是鳥，都能過上更好的生活。

鳥寶不像狗，不需要散步。這可能會讓人覺得「比狗還好養」，但絕對沒這回事！雖然牠們不需要散步，但並不代表牠們比較好養。實際上，經常聽見不少飼主在養了鳥寶後大吐苦水：「沒想到會這麼難養！」同時，也一定會驚嘆：「想不到這麼聰明」、「我都不知道鳥的感情這麼豐富，還這麼深情！」雖然事情沒有那麼容易，需要花費時間和精力，但你能從中感受到的魅力遠遠超出這些辛苦。

確認一下鳥類特有的習性

溝通使用的是「聲音」

要鸚鵡「不要叫！」是很不合理的，因為叫聲是牠們溝通的工具。但最重要的是不要發展成無法容忍的「大聲呼叫」。如果善用聯絡叫聲見〈案例17〉與牠們溝通的話，牠們會感到很安心。

喜歡被摸？討厭被摸？

貓媽媽和狗媽媽會用舌頭舔小孩的身體。所以被人類用手撫摸的時候，會給牠們一種安全感。那麼鸚鵡呢？鳥媽媽不會舔來舔去，而是會用鳥喙輕輕地梳理鳥寶寶的羽毛。長大後對身體的刺激會促進發情，所以鳥寶撓癢的部位只會在脖子以上。

聰明且記性超好！

鳥寶的腦袋很不得了！人們不記得的「一次性」事件（無論好事或壞事）牠們總是能記住，所以不容小覷。

人類是夥伴！不需要老大！

人類和狗狗之間多為主從關係，相較於此，我們與鳥類應建立「對等」的關係。因為根據研究，鳥類在野外成群生活，但團體中並不存在領導者。換言之，人類不需要成在鸚鵡面前塑造「老大」的角色。

好奇心旺盛

鳥寶在觀察人類的敏銳度超乎我們所想。因為牠們充滿好奇心，哪怕自己是小型鳥也不覺得自己很小，這往往會招致意想不到的意外。

鳥喙是用來啃咬的

牠們的原則就是先咬一咬試探看看。與其兇牠們「不准咬！」不如把不想被咬的東西藏到鳥寶接觸不到的地方，然後以其他可以咬的東西取而代之。順便一提，沒有鳥寶是天生就愛咬東西的。

須知 2

讓關係更緊密的，不只包容，還有「教育」

聽到「訓練」這個詞你會聯想到什麼呢？大多是管教或懲罰，也有的人立刻質疑「怎麼可以訓練鳥寶！」，而不曉得「訓練≠懲罰」。

鳥寶本來就不理解人類社會運轉的規則。為了使其能安全舒適地生活，有很多規矩需要我們來幫助牠們學會。有的飼主從未教導過規則、或教法不夠適當，卻責罵牠們不乖、或單方面把責任推給鳥寶，對牠們是不公平的。用淺顯易懂的方式一項一項教會鳥寶，這個過程就是訓練。

透過理解鸚鵡的動機，尊重牠們的習性，並用淺顯易懂的方式把與人共同生活

本書中「訓練」的概念和必要性

- 野外生活的一般情況可以作為訓練線索，但很難100%應用在圈養生活中。教導寵物們身為伴侶動物的必要行為就是一種訓練。最終目的是為了要能令鳥寶身心舒適、健康和幸福。
- 它是一種溝通手段，扮演著口譯的角色，促進使用語言不同的鳥寶和人類之間的交流。
- 基於應用行為分析，採用最積極、最符合鳥寶行為和生理的正增強（Positive Reinforcement）策略，也是最依循鳥寶特性的做法。
- 和常見於寵物狗那樣的主從關係不同，而是基於鳥寶和人類地位平等的觀念。避免將我們人類的方便和理想強加在鳥寶身上，或是任由鳥寶依照自己的想法行動。

的規則，傳達給牠知道，這麼一來，一定能建立起更良好的關係。

你可能會遇到光靠愛與包容也無能為力的情況。如果期待時間能解決一切，恐怕也不會得到什麼理想的結果。

鸚鵡並不是為了療癒人類而誕生的。尊重鳥寶的習性、並幫助牠們豐富生活，靠的就是訓練。

對人們來說，這些活動可能是訓練，但對鳥寶來說，這是一種與飼主一起運用頭腦和身體進行交流的遊戲。如果飼主具備正確的知識和技術，不僅可以照顧鳥寶身心健康與安全方面，更能以適當的方式教導許多期望中的行動，這樣鸚鵡生活過得充實和刺激，就不會有閒情逸致去做那些不討喜的行為。飼主看見這麼溫馴乖巧的鳥寶，肯定會更加疼愛牠的。我們與鳥寶之間能成為療癒彼此的存在是最理想的。

須知 3

事情的好壞，鳥寶解讀大不同

鳥類的行為動機總括一句就是：過去行為的結果決定未來的行為。如果出現了對鳥寶來說有價值的結果，牠就會重複這個行為。

問題是，對動物行為動機的認定往往是出自於人類角度。所以在「價值」方面會存在認知差距，很多情況下無法達到預期的結果。

很多飼主會因為沒有達到期望的結果就單方面責怪鳥寶：「為什麼這種小事也不會！？真的有夠笨！」或「我們家的鳥寶真的很壞！」，卻連自己的「期望」都沒有清楚地傳達給鳥寶知道，就把錯歸咎於鸚鵡。不覺得對牠們很不公平嗎？

也許有些飼主會說：「我有很認真教呀。」但只要沒有反映在鸚鵡的行為上，就說明我們的傳達方式不是正確的。換句話說，你並沒有準確地將期望傳達給鳥寶。舉例來說，以下這些認知差距是否讓你感到熟悉呢？

〔啾星人的行為動機〕

簡單迅速　好玩　引人注意
對自己（＝鳥寶）而言有價值的事
↓
行為發生率上升　行為持續

拐彎抹角　可怕　不好玩
坐立不安　被忽視
對自己（＝鳥寶）而言沒有價值的事
↓
行為發生率下降　行為消失

※兩種情況的重點都是「對鳥寶而言」！

人與鳥之間的認知差異例子

被咬的時候瞪著牠

咬一口就會一直看我
♪超～開心♪
「瞪」的動作表示我在生氣。不可以咬！我生氣了！這樣牠應該有理解吧？

【鸚鵡角度】　【人類角度】

對鳥寶來說，「引起注意」是有價值的。
可想而知之後「咬人」的發生率會增加。

看鳥寶乖乖玩玩具
就不打擾牠

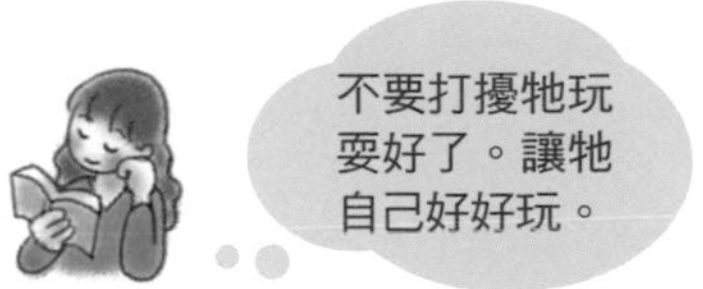
不要打擾牠玩耍好了。讓牠自己好好玩。

【人類角度】

咦？飼主怎麼沒反應……真沒意思……

【鸚鵡角度】

對鳥寶來說，當牠玩玩具就會被「忽視」，所以牠就不肯再玩了。咬羽毛的時候會被罵「不可以！」讓牠有「引起注意」的感覺，行為發生率就會提高。那當鳥寶在咬羽毛的時候，該怎麼應對才好呢？

看見鳥寶玩玩具
就拍手

對人類來說掌聲＝表揚。

【人類角度】

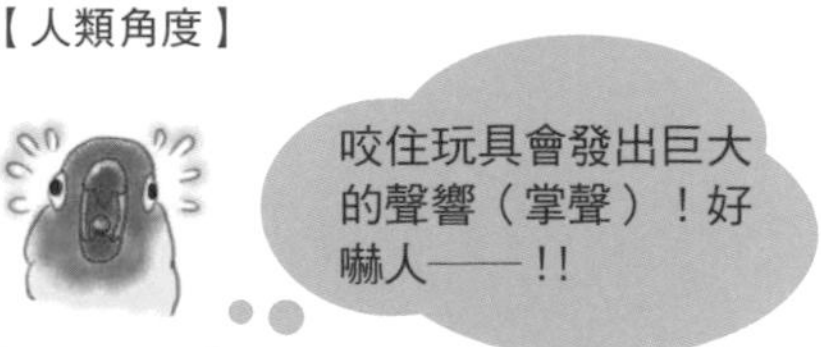
咬住玩具會發出巨大的聲響（掌聲）！好嚇人——!!

【鸚鵡角度】

對鳥寶來說，既然玩玩具會發生「可怕與不安的事」，那以後少做為妙。（也有些鳥寶是不怕掌聲的。）

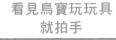

須知 4

判斷標準是鳥寶的「行為發生率」

揣測與「從鳥寶的角度來思考」是不同的，比方說「牠是不是覺得孤單呢？」、「牠好像滿開心的」等，這類猜測會讓我們看不見本質。相較之下，可以作為判斷標準的是鸚鵡的「行為發生率」。透過密切觀察和大量的行為描述練習，可以降低誤解，不再靠單方面揣測，而是真正了解鳥寶的內心。

這裡說的鳥寶的「行為」是指**用眼睛或耳朵觀察後，具體描述出鳥寶做出了什麼事**。

以下是任何人都可以具體描述出的「行為」：**叫（音量大小）／拍動翅膀／飛行／啃咬／倒掛／展開尾羽／身體左右搖擺／等等**。

只要能具體描述出行為，就能客觀地掌握

描述「行為」時的重點

在做行為的觀察時應包含三個要點，分別是「前因」（Antecedent）、「行為」（Behavior）、「結果」（Consequence），取個別英文字首「ABC」作為此方法的略稱。這是用來掌握行為與環境和事件之間的關係並分析行為的「最小的有意義單位」。

A 前因 Antecedent	→	B 行為 Behavior	→	C 結果 Consequence
直接觸發行為的事件或刺激。		鳥寶在A之後做出的行為或可以觀察到的樣子。		緊接在B的行為之後的事件。影響未來的行為的發生率。

「問題行為」，解決問題就邁出了一大步。

任何不是「行為描述」的情況，也就是無法具體說明的行為，都稱為「標籤」。如果不能察覺進而擺脫「標籤」，就無法找出解決方法。

以下描述都屬於標籤：

喜怒哀樂／傲慢／煩躁／霸道／膽怯／固執／暴躁／攻擊性／執拗／隨心所欲／順從／難以管教／臭屁／不開心／親人／性急／叛逆／害羞／神經質……等等。

為什麼「標籤」不能解決問題呢？這是因為每個人的感受和解讀都不同。比方說，「大聲叫」這個「行為」有的人會解讀成「不滿」，有的人則會解讀成「心情好」。這種「標籤」只是接收方單方面的印象，並沒有掌握正確的情況。不要擅自為鳥寶的心情貼標籤，如實地描述出行為本身。如果行為是不好的，我們才能去思考如何改變成理想的行為。

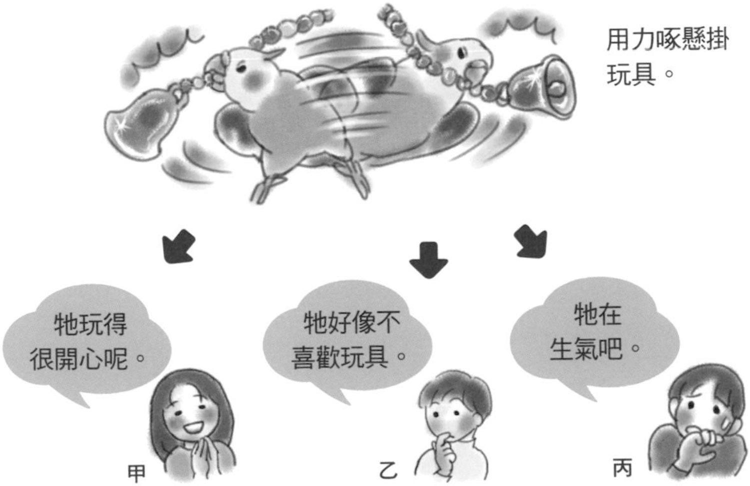
用力啄懸掛玩具。
牠玩得很開心呢。
牠好像不喜歡玩具。
牠在生氣吧。
甲
乙
丙

須知 5

尊重鳥寶特性的表達方式

當你能準確描述鳥寶的行為後，請將以下幾項也列入觀察重點。

- **問題行為是否發生在特定時間或地點？也會在其他條件下發生嗎？**
- **做出這些行為後，鸚鵡會得到些什麼嗎？或是讓牠成功擺脫了什麼事呢？**
- **什麼情況下就不會做出這些行為呢？**
- **你希望牠用什麼樣的行為來取代現在做出的非期望行為呢？**

當你連這些細節都能觀察出來以後，我們就可以開始思考要怎麼表達給鳥寶知道。為了讓牠正確理解什麼是期望行為、什麼是非期望行為，我們要利用「正增強作用」來進行訓練。

正增強作用又稱「獎勵訓練」，甚至被稱作「賄賂訓練」，是目前已知侵入性最小、且最適合動物的行為和生理機制的訓練法，近年來也被用於訓練海豚和狗。具體來說，就是一種讓鸚鵡把期望行為和獎勵（有價值的東西／事件）連結起來，以提升期望行為發生率的方法。相對地，對於非期望行為則不給予獎勵。對於學習者來說，毫無價值的結果會減少或消除目標行為。

給予的報酬（獎勵）必須是「對鳥寶來說有價值的東西」。有時候你從人類角度思考的「報酬」，對鳥寶來說可能是「討厭的事情」，或是雙方有不同的解讀，所以需要特別留意。

教會鳥寶期望行為的2個訣竅

正增強作用

期望行為

→

獎勵（報酬）

→ 行為發生率上升

非期望行為

→

毫無反應

→ 行為發生率下降

如果是特別希望鳥寶學會的行為，就要在牠「每次做出」期望行為時給予報酬，這稱為「連續強化」。

應用行為分析

是指透過改變環境來解決問題行為的連續過程。

- 過去的結果會成為未來的行為動機。
- 如果出現見效／有價值的結果，就要重複這個行為。

只要根據這兩項基本規則，這個方法並不限於鸚鵡，在動物與人類共同生活上，都有助於傳達人類的期望行為。
研究人員耗費多年實驗、驗證如何有效地控制環境，該方法始得廣泛應用，所以是科學驗明的。而且，任何人都學得會。
本書中套用「應用行為分析」的諮詢個案，皆符合下列二項規則。

〔規則〕
1. 若要改變鳥寶的行為，飼主必須先改變自己。
2. 採用尊重鳥寶特性的解決方案。

須知 6

對鳥寶來說，什麼才是有價值的？

無論是應用行為分析或正增強作用的訓練，背後的理論都很直觀。但執行起來並不容易，而主要原因就是「鳥寶角度和人類角度之間的差異」。

舉例來說，如果你覺得上手是鳥類與生俱來的技能，也不給予任何獎勵的話（下圖②），鳥寶會怎麼想呢？

一天，有隻鸚鵡出於某種原因咬了飼主，得到④～⑦的反應。這些反應在牠看來，遠比②的「毫無反應」更有價值（「好好玩♪」），因此產生「一咬飼主，他就會有反應！真好玩！」的想法，進而養成與飼主期望相悖的行為習慣。因此改善方向不是「被咬了怎麼辦」，而是「不咬人時，該怎麼表揚牠」，這是一般飼主容易忽略的地方。

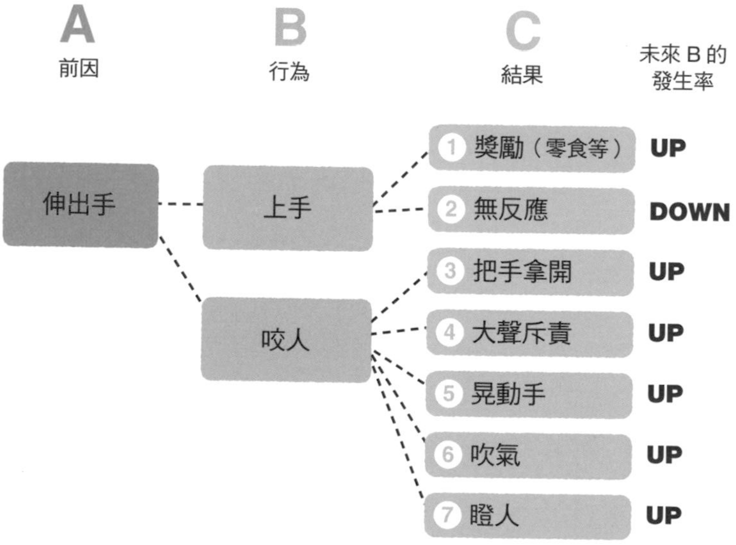

A
前因
B
行為
C
結果
未來 B 的發生率
伸出手
上手
咬人
1 獎勵（零食等） UP
2 無反應 DOWN
3 把手拿開 UP
4 大聲斥責 UP
5 晃動手 UP
6 吹氣 UP
7 瞪人 UP

你發現哪裡出錯了嗎？

問題：

我家的鳥寶只要沒看見我，就會發出像地鳴一樣的叫聲，一直叫到我出現為止。我嘗試過各種方法，像是牠一叫就拿噴霧器朝牠噴水，雖然能讓牠立刻停止叫，但效果只有一下子。雖然牠看起來不喜歡被噴水，會想逃跑或甩頭，但沒有因為這樣就改善牠叫不停的情況。我可以做些什麼來改進呢？

請在下面的C欄中寫下答案。

這位飼主認為的「前因」、「行為」、「結果」如下，但「結果」這欄是錯的。符合「結果」的飼主實際行為是什麼呢？

A 前因：飼主從鳥寶的視線中消失

B 行為（鳥寶）：發出像地鳴般的叫聲

C 結果：噴水

C 結果：

解析：

從鳥寶逃開的反應來看，牠應該很不喜歡這樣。儘管如此，牠「呼叫」的頻率並未減緩，理由只有一個：這樣的行為是「有價值的」。再次強調，只要行為發生率沒有降低，就代表緊接在行為後的結果，對鸚鵡來說是好的獎勵。

符合上述「結果」的正確答案是，在被噴水之前，「飼主出現了」。如果飼主沒有出現，也就不會被噴水了。但鳥寶心裡想的是：「雖然會被噴水有點討厭，但只要叫，飼主就會來！」

正確答案：飼主出現

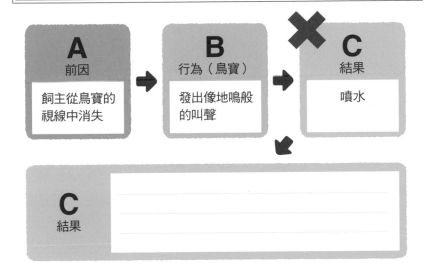

如何進行基本訓練

正增強訓練的理論非常簡單，任何人都學得會。

有些鸚鵡會對人類的手感到不習慣或害怕，在這邊我以這樣的鳥寶為例，介紹「熟悉人類的手」訓練。

對於毫不費力就能讓鳥寶上手的飼主來說，可能會覺得「這跟我家的鳥寶無關」。但經常會聽到有的鸚鵡出於某種原因（例如必須要去醫院而被強行抓住），開始厭惡或害怕人類的手，甚至從此不肯再上手。無論是要幫助牠克服這種排斥，或是剛接回家要建立信任關係，這種訓練都非常有效。

我不認為鳥寶學會上手一定比較好，但如果能消除牠們對於手的恐懼的話，也有益於與人類共同生活。

不論希望鳥寶成功做什麼期望行為，重要的是設定詳細的目標，並循序漸進。這麼做鳥寶也更容易做好接受的準備。千萬不能著急。

在鳥籠裡建立起信任關係的訓練

訓練示範者　小佐兵長

玄鳳鸚鵡，女生，現在3歲。比起女生，牠更喜歡男生。這一天是第一次和訓練師見面，據飼主的說法：「牠很難教喔。」究竟成果如何……？

推薦給這些啾友

- 第一次和人類接觸交流的
- 不肯直接從手中拿取食物的
- 手一靠近就會後退或驚嚇的

使用到的教材

鳥寶最愛的食物
（這次使用的是小佐兵長最喜歡的粟米穗）

在鳥籠裡建立信任關係

絕對不能強迫怕生或害怕手的鳥寶。借助零食的力量，讓牠知道「手並不可怕」吧。

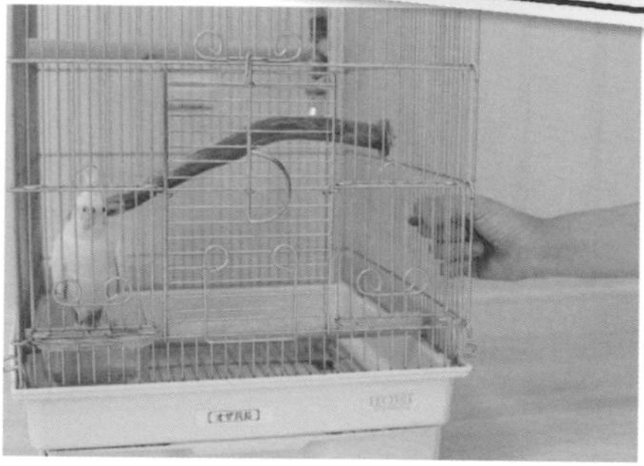

❶ 讓鳥寶待在鳥籠裡，隔著鳥籠讓牠們看見零食。

威嚇、有攻擊性 不給零食，立刻離開。

溫馴的樣子 把零食放進飼料碗裡，然後離開。

（→P.25確認鳥寶的肢體語言）

❷-a

反覆這麼做，如果鳥寶沒有表現出任何攻擊性，且願意直接從手中接過零食，可進入→❸。

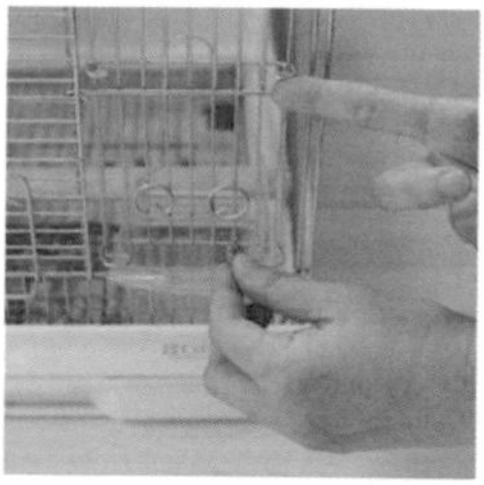

有所戒備

如果過了5～10秒還是沒有靠近，就把零食放到碗裡，然後離開。觀察自己遠離鳥籠幾公尺後，牠才肯吃，此位置就是起點。

❷-b

隔著鳥籠給鳥寶看零食，一遍又一遍，逐漸縮短牠願意吃飼料碗裡的零食的距離。這次的情況如照片所示，我從1公尺左右的距離開始，慢慢拉近距離。

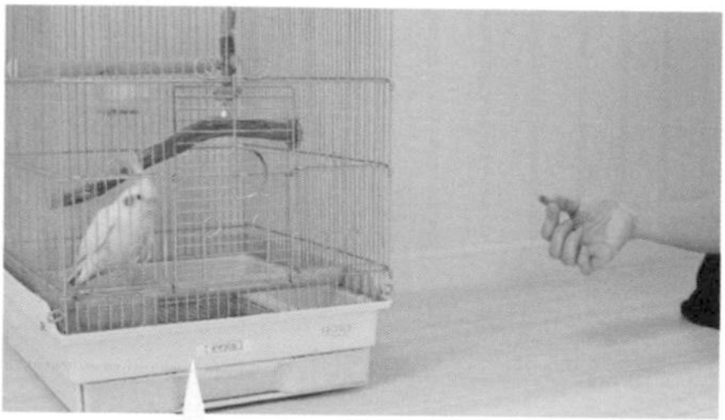

POINT 反覆做，如果鳥寶沒有表現出任何威嚇、攻擊性、害怕的樣子，願意直接從手中接過零食的話，就可以進入下一步→❸。

就算給牠看最愛的粟米穗，牠也保持著距離。

當手離開粟米穗後，牠就靠近了一些。

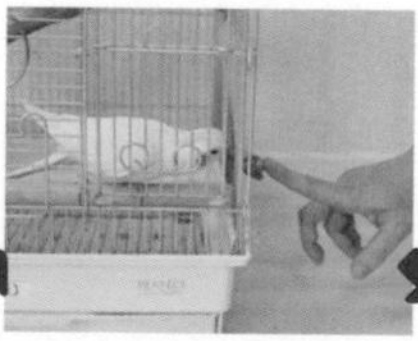

把手放在粟米穗上，牠也不會逃跑。

抽出粟米穗，牠的反應會是「咦？不給我嗎？」，然後目光會集中在粟米穗和訓練師身上。

3 就算人待在鳥籠旁邊，牠也會吃，或是隔著鳥籠直接從手裡覓食。

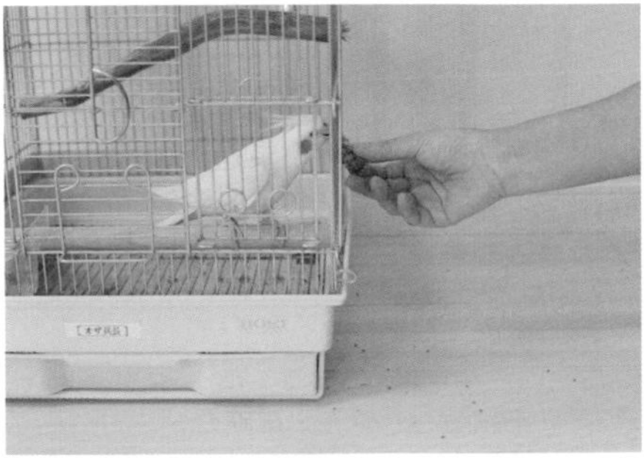

如果牠表現出攻擊性，那就沒收零食。如果不吃或有所戒備，則返回❶。

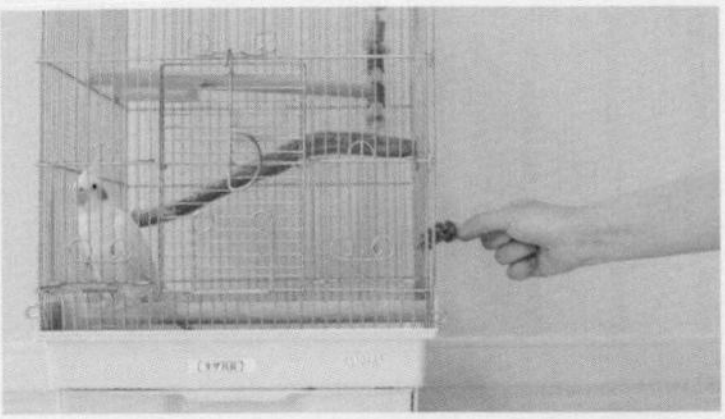

4 在鳥籠裡開始練習「過來」。如果牠願意從鳥籠右側接過零食，可以試著在左側拿零食，並叫牠「過來」。

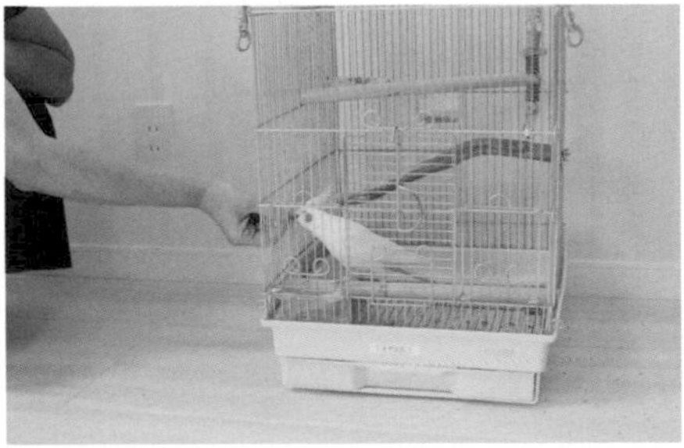

如果等待5～10秒牠也不願意移動到另一側，就先暫停（→＜案例1＞篇末＊）。重複這個練習，左右沒有問題以後，再嘗試前後。

靠近了就給獎勵

5 前後左右的移動都可以順利完成後，再挑戰上下移動。把零食拿到鳥籠的上方，一邊說「過來」，靠近了就給牠獎勵。

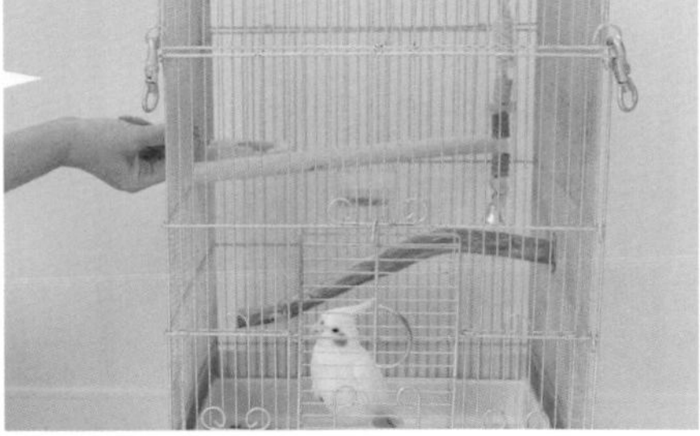

- ☐ 把零食從鳥籠裡拿走時，會把嘴巴伸到鳥籠外討要。
- ☐ 會跟著手前後、左右、上下移動。
- ☐ 只要飼主現身就會期待有零食而靜不下來。

能做到這一步，就可以換到鳥籠外了！

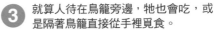

在鳥籠外進行「過來」訓練

接下來挑戰在鳥籠外的訓練。先從最短距離開始，再慢慢把距離拉長。一旦鳥寶學會了「過來」，在放風時就可以隨時把牠叫回來。

1

打開門，給牠看零食，說「過來」

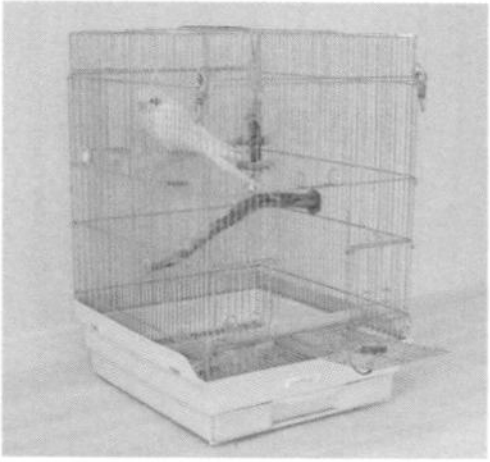

2

要是牠不肯出來，就把零食放下，退到牠願意走出鳥籠的距離。

如果牠出來了，就可以開始訓練囉！

3

在鳥籠外不見得會有籠內的同樣效果。可以隔著一段距離後拿出粟米穗，看看牠願不願意靠近。

就算背對著，我也有在看哦。我心裡其實很雀躍，冠羽都要豎起來了！

4

放下粟米穗後離開。

雖然我假裝無動於衷，但其實我一直盯著。能不能離門遠一點啊……

5

如果牠吃了放在一旁的粟米穗，可以在牠吃的時候慢慢靠近。

6

最後碰到牠正在吃的粟米穗。如果牠的反應不排斥，可以稍微舉起粟米穗。

收回粟米穗

不移動腳，伸長脖子就可以得到獎勵！但我還沒有完全相信你哦……

如果牠會吃手裡的粟米穗，可以試著左右挪動一下。牠一樣肯吃，就可以再離遠一點。牠繼續吃，就再拿遠一點，反覆這麼做，最後拿得離自己越來越近。關鍵在於不能用零食誘騙牠移動，一旦決定要在哪裡給零食，手就不要移動，等待牠自己靠近。

作為今後的訓練……

伸出想讓鳥寶上手的那隻手，緩緩靠近。讓牠知道沒有拿著獎勵的手也不可怕，「手＝會發生好事」，進而提升信心。

POINT　確認鳥寶的肢體語言！

張嘴威嚇。這是「我會怕手，不要再靠近我！」的信號。

威嚇、有攻擊性

威嚇和帶有攻擊性的時候，嘴巴會張得大大的，表情也有點凶狠。

有所戒備

雖然牠轉過身假裝不在意，但其實內心是很激動的。牠會一直盯著人的手。

溫馴的樣子

鳥寶溫馴的時候，眼神是溫和的。如果是玄鳳鸚鵡，冠羽也會自然放平。

訓練結束後
～小佐兵長的飼主的心得～

平時除了飼主以外，牠沒什麼機會與其他人互動，跟柴田老師還是初次見面，我本來以為牠是不會聽從指示的。但是，看著距離一點一點地縮短，讓我很驚訝！只要有心就做得到呢。我在旁邊看完全程，覺得如果飼主可以按照愛鳥的步調循序漸進的話，鳥寶們一定都學得會的。

攝影／白田祐樹

傷腦筋一

咬人

鳥寶會咬人是有很多原因的。
有時候是要表達「別這樣」、「我會怕」，
有時候只是鬧著玩的。即使鳥寶沒有惡意，
人類被咬了也會痛，可能會產生恐懼感。
那要如何教會牠們「不咬人」呢？

案例 1

鳥寶變得不再溫柔

「牠還是寶寶的時候，不管我們做什麼，都不會咬人的啊……」

這對夫妻告訴我，太郎開始會咬人大概是在滿一歲時，而且只有對太太這麼做。從太郎還是幼鳥時至今負責餵食的是太太。在她看來，太郎性情大變，簡直像變成另一隻鳥一樣。

事實上，這類感嘆頗常見。諮詢室內有著相同煩惱的飼主，被我問及某個問題時他們幾乎一〇〇％會回答「仔細回想，好像是這樣」。這個問題就是：「對著鳥寶撓癢癢，牠做出表達不情願的動作時——例如張嘴或後退，你是不是沒停手呢？」

太郎的情況

（玄鳳鸚鵡）

家庭成員

太郎（玄鳳鸚鵡・♂・當時5歲）
太太、先生

可能是玄鳳鸚鵡就連生氣都特別可愛的緣故。就算牠們表達了「不要撓我！」、「我不喜歡這樣！」還是引得很多飼主忽視，或不禁想逗牠而做出讓牠更生氣的事情。

這時，鸚鵡已經很努力地用整個身體來表達自己的意思，然而——

向飼主傳達失敗↓作為下策咬了飼主一口↓飼主停止了這個行為↓「原來如此！這種情況只要用咬的就行了！」

隨著經驗增加，得出這個結論。

太郎咬的只有太太，對先生就不會。牠甚至會找先生幫自己抓癢。這讓太太心想，「你又沒怎麼照顧牠，為什麼牠就只黏你呢？」而感到沒趣。

但如果站在太郎的立場看事情，你就會明白其中的原因。鸚鵡通常滿一歲左右就會開始萌發自我意識，這種變化在有些飼養書籍被稱做「第一次叛逆期」，但其實鳥寶無意叛逆。準確來說，滿一歲以前牠還什麼都不懂，不管是撓癢還是上手，人們怎麼說就會照著做，在飼主眼中特別乖——直到一歲左

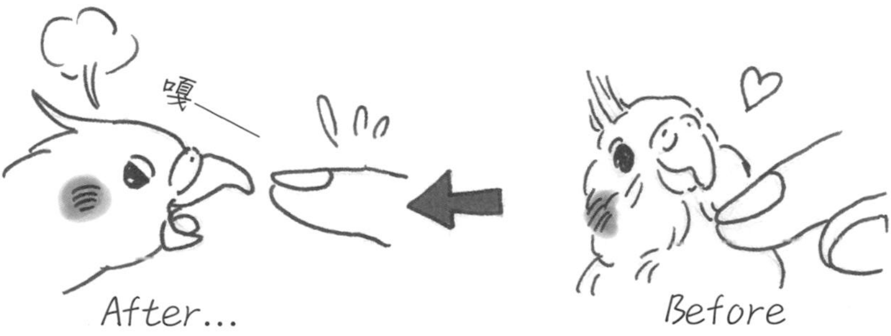

右，鳥寶懂得表達了，像是「我現在不想做！」、「別碰我！」，可能對以前不關心的事情產生好奇，也可能從文靜轉為好動，這些轉變代表鸚鵡開始獨立了。飼主在寂寞的同時，必須接受鳥寶的心靈和身體都在成長，更加尊重鳥寶的意志。在鳥寶一歲左右這個階段，你怎麼對待牠將會影響到你們未來的生活。比方說太郎這年紀時，從來不會纏著牠互動的先生在牠心中留下印象，「這個人不會做我討厭的事」。而忽略自己反感還強行要對牠撓癢的太太，則只能用咬的來溝通。

再者做出這些討厭行為的都是「手」，所以牠會討厭手也是情有可原的。這在看待牠們令人懊惱的行為上都通用：過去的結果會塑造出將來的行為。

運用獎勵重建信賴

太太希望可以跟太郎和好，像以前一樣好好相處，於是我提出下面的行為改變策略。

① 利用正增強作用（↓P.17）向太郎傳達：手不可怕，也不討人厭。

② 解讀太郎的肢體語言並尊重牠的意願。

為了告訴牠①「手並不討人厭」，可以準備牠喜歡的東西（例如特別的零食）會很有效。

太太伸出手臂讓太郎站到手上，然後給予獎勵。反覆這麼做可以讓牠明白，太太的手裡會有一些好康的（＝獎勵）。

要注意，先生不能給予相同的獎勵，也不能把獎勵放進平時的飼料碗裡。為了太太和獎勵的價值，這個特殊獎勵只能從太太手裡得到。

不需要費什麼心力就能讓太郎跳上手臂，但手腕再往前，對牠來說難易度就比較高了。所以要拿出特殊獎勵，一邊鼓勵牠跳到手上。在拿出獎勵時伸出手，若牠表現出攻擊性行為或往後退，那訓練就暫停，獎勵也要收起來；牠願意靠近你的手的話，就給予獎勵，再慢慢縮短距離。

為了②「解讀太郎的感受」，在做任何事情之前，都要先詢問太郎的意願，例如在撓癢之前，先在牠面前伸出手指動一動，問牠「可以撓癢癢嗎？」要牠上手的時候也一樣，先保持一段距離並伸出手，問牠「要不要跳上來？」，如果牠張嘴或後退，就先暫停。暫停五～十秒後（↓篇末＊）再重新嘗試。重複兩～三次後還是跟你

的手保持距離，那麼，這一連串的訓練就到此為止。

因為太太很希望「可以像以前一樣為牠撓癢癢」，我也請她試一試以下方法。

Ⓐ趁先生幫太郎撓癢時，混進去一起撓癢。如果被發現，就給牠一點獎勵。

Ⓑ用其他東西間接撓癢。比方說，湯匙或粟米穗的莖等等。一開始先握在尾端，然後握的位置慢慢往前端靠近，讓手指逐漸接近牠的身體。

結果用Ⓑ方法順利幫太郎搔到癢了，我也請她別忘了給太郎一點獎勵。透過實踐這些訓練，太郎逐漸找回對太太的信賴感。牠其實沒有討厭太太，只是對她的手抱有敵意而已。

此外，太太被咬以後覺得「我被討厭了」而感到難過，發現起因是自己「為太郎好」而做的事，心裡也舒暢了不少。

鳥寶會有喜怒哀樂，這也是牠們的魅力之一。教導飼主解讀鳥寶的肢體訊息，並用鳥寶也能輕易理解的適當方式進行交流，就能和牠們建立良好關係——意識到這一點是最為重要的。

*暫停……重新來過。如果讓牠看見了獎勵，就暫時先把獎勵收起來。間隔時間根據鳥寶

氣噗噗!!

的特性有所不同，但通常約為五～十秒。一旦獎勵從視野中消失，鳥寶就會產生「奇怪？不照做就得不到我最愛吃的東西了。」更容易引發牠做出期望中的行為。如果不適時暫停，反而適得其反。

本篇配方適合

- 全家共同飼養的人
- 覺得鳥寶處於叛逆期的人
- 獨自生活的人

案例 2

忍耐是愛嗎？

我不認為咬人的行為一定要被改掉。如果飼主很乾脆地說：「只是小鳥嘛，被咬幾口也沒什麼大不了的。」那這就是這家人特有的互動方式。但如果飼主害怕被咬而和鳥寶相處得不融洽，就有必要改善。

有的人因為害怕被咬、或是怕放出去就抓不回鳥籠裡等理由就把鳥寶關在鳥籠裡，一關就是幾年、幾十年，這樣的案例並不少見。

PIYO 也屬於迫切需要改善的情況。PIYO 是雌性牡丹鸚鵡，此鳥種在鳥友之間是「個性剛強」的代名詞。很多人可能會想「哦~那被咬也是理所當然的」。認為牠們更具領地意識、更深情。

PIYO的情況

（牡丹鸚鵡）

家庭成員

PIYO（牡丹鸚鵡・♀・當時3歲）
媽媽、爸爸、兩個兒子
同住鸚鵡6隻（全都是牡丹鸚鵡・年紀更小）

飼主一家人也會用「凶猛」和「女王」來描述 PIYO，到目前為止還常見還不至於無法應付。但是有天，發生了讓飼主非常苦惱的事件。

改變行為是為了讓鳥寶生活變好

PIYO 很喜歡鑽進飼主的衣服裡。那天，鑽到衣服裡後，牠沒來由地朝著飼主的身體咬了一口。飼主反射性地甩開，被甩飛的 PIYO 撞到牆上，最後腿骨折了。

「再這樣下去，我可能會殺了我們家鳥寶……」前來諮詢的飼主表情非常凝重而痛切。諮詢的當下，PIYO 正在接受骨折治療，所以等到傷勢復原可接受訓練之前，我先向飼主仔細詢問飼養環境。

與 PIYO 一同生活的家人有媽媽（主要照料者）、爸爸和兩個兒子。PIYO 很親近最疼牠的大兒子，從不咬他，但爸爸媽媽卻老是受害。

一起生活的還有六隻鸚鵡，全都是牡丹鸚鵡。PIYO 是當中最年長的，儼然是女王大人。當我進一步詳細詢問後，才明白 PIYO 給人的形象都是情有可原。

同住的鸚鵡中有三隻是牠的孩子。PIYO 和另一隻鸚鵡配對相愛後，寶寶出生，這個時期的牠處於「我得保護好寶寶們！」的狀態。因為牠並沒有生活在抑制發情的環境（↓篇末＊）中，所以領地意識會越來越強。再加上，飼主有些出於好意的行為更提高其咬人的頻率。想方設法要改善關係，卻適得其反。

在PIYO來到家中時媽媽已不是新手飼主，她表示「第一次遇見這樣咬人的」。在諮詢前，她在網路上或飼養書中查找資訊，或是去寵物店尋求建議，竭盡所能地想要改善現狀。聽到「雌性牡丹鸚鵡一到發情期就會變得比較凶」、「被愛鳥咬幾口也還能忍吧？」這類意見後，她告訴自己只能忍耐了。也有人建議「牠一咬人就把牠關進鳥籠裡，十分鐘都不要放出來，讓牠知道這麼做會有壞事發生」。她也抱著抓住救命稻草的心態執行。結果只要PIYO一咬人，媽媽就會像懲罰一樣用厚手套把牠抓回鳥籠裡，如此反覆……

當然，這麼做只會使牠變本加厲。PIYO不但沒有反省（原本就不能要求鸚鵡懂得反省），反而把人類視為敵人。不知不覺中，每天兩次的放風時間對飼主來說成了煎熬。但一想到鳥寶們很期待放風，只能繼續忍受這樣的生活。就在這個時候，發生了這次的骨折意外。

了解來龍去脈後，我提出這三點建議：

①如果鳥寶因為發情而變得充滿攻擊性，就要打造一個不讓牠發情的環境。

②與其想著被咬之後要怎麼做，不如營造不會被咬的環境（例如，不要讓牠有機會鑽進衣服、牠很暴躁的時候就不要伸出手）。

③讓牠用咬人以外的方式表達自己的意圖。

聽完提議的飼主似乎鬆了口氣，說：「什麼嘛，原來我可以不用忍耐呀～」至今，她尋求多方建議，也有人很沒同理心地告訴她「被咬的飼主才有問題」，光是從困住自己的想法中解脫出來，就讓第一階段訓練大有進展。

另外，在為訓練做準備時，我特別要求安排 PIYO 的專屬時間，因為其他鸚鵡在場，可能導致分心。因為 PIYO 正在接受骨折治療，在進行正式訓練之前，應該先為牠安排單獨的放風時間。

這個小小的調整奏效了，也在 PIYO 身上看見了變化。飼主很激動地跟我分享「PIYO 現在願意站到我手上回鳥籠裡了！」。只是改變環境就能有這麼大的變化……也許再調整一下環境和互動方式就能幫牠改掉咬人的習慣。於是我再次瀏覽了關於 PIYO 的資訊——

ⓐ PIYO 是最年長的。

ⓑ PIYO 不會咬最疼愛牠的大兒子。

ⓒ 飼主照書上和寵物店的建議，當 PIYO 咬人就用手套把牠抓回鳥籠裡。

ⓓ PIYO 認定咬人能引起飼主注意（哪怕飼主沒有這個意圖）。

根據ⓐ和ⓑ，我建議：

- **保留 PIYO 的專屬時間。**
- **凡事都以 PIYO 為優先。**
- **以兒子（PIYO 最主動親近）的互動方式為範本。**

比方說，在放風和放飯的順序上，都優先和 PIYO 說話。比起其他鳥寶，花更多心思對 PIYO 撓癢癢和說說話。

我也請飼主不要再這麼做ⓒ，那無助於改善咬人的問題。這類著眼於懲罰方式的做法不能解決根本問題。最多只能暫停惱人行為，但並沒有把相應的期望行為教導給鳥寶。與其被咬了才來懲罰鳥寶，不如營造一個不會被咬的環境。然後，在牠不咬人的時候給予獎勵和誇獎，藉此來增加「不咬人」這個期望行為的發生率。這就是訓練的邏輯。

再加上先前，被關進鳥籠裡的 PIYO 只能眼睜睜看著同伴開心玩樂的模樣。隨著不滿加劇，不可能會帶來好的結果。

另外，如果是發情導致咬人的情況變嚴重，從環境移除發情誘因也很重要。黑暗而狹小的空間會讓牠聯想到鳥巢，就有可能會導致發情。我請飼主想辦法不讓 PIYO 跑進牠喜歡的抽屜裡和架子的縫隙裡。

理由ⓓ的「咬人可以吸引飼主的注意力」也很常見。PIYO的情況是只要牠咬人就會被關回鳥籠，所以牠會四處逃竄。然後飼主就會拚命追牠。對PIYO而言還可能是「好玩的遊戲」。因為趣味滿點，牠們會決定「下次還要再咬」。如此一來，鸚鵡就更不可能學到除「咬人」之外的肢體語言。

終於等到PIYO完全康復，到了與牠初次面對面的日子。因為先前飼主用「凶猛」、「女王大人」等形容牠，我本來有些期待能親眼看見牠有多麼凶狠、暴躁，結果出現在我面前的是隻很文靜的鳥寶。

或許是因為被帶到了陌生的地方，當我伸手問：「要上來嗎？」即便我們是第一次見面，牠還是跳到我的手上。真的凶猛的鸚鵡是根本不可能跳到陌生人的手上的。而且，牠也沒有表現出攻擊性行為。

過了一會，我向站在飼主肩膀上的PIYO伸出手問道：「可以再跳到我的手上一次嗎？」這次牠一臉否定，直接別過頭。當我告訴飼主「PIYO除了咬人以外，是可以清楚表達自己的意思的」。她似乎很驚訝，開始注意到自己一直以來的盲點。

對於鸚鵡的咬人習慣，我通常會先教牠使用其

他肢體語言。PIYO 的情形是，一直以來都有明確地用肢體語言表達「我不想」，只是沒被看見。在教導鳥寶如何以肢體語言表達訴求前，人類要先懂得解讀。

接著我們專門為 PIYO 安排單獨訓練時間，首先是最基礎的「過來」和「上手」。我們所說的「訓練」，對鳥寶來說，只是讓飼主只關注自己一個人的愉快遊戲時間。

一旦牠準備咬人或有攻擊性行為，不要做出任何反應。如果牠不咬人並成功做出「過來」或「上手」等期望行為，就給予獎勵。反覆這麼做，對 PIYO 來說有價值（能得到獎勵和稱讚）的行為就會更常發生。

在後續的回報中得知，飼主在和 PIYO 相處時更加尊重牠的肢體語言後，她就沒有再被咬過了。這麼一來，PIYO 肯定也是相當滿意的。

「我從牠還小的時候就開始照顧牠了，為什麼牠會開始咬人呢？」飼主每次被咬都有一種真心換絕情的感覺。但她接收到的所有建議都是關於「被咬之後如何應對」，也因此更容易選擇懲罰導向的方法而忽略獎賞的力量。在這種情況下，人類和鳥寶都不開心，也無法建立起信任關係。針對「咬人」的行為，營造一個不會被咬的環境，「不讓牠有咬人的經驗」是很重要的。

就像飼主心裡會想「為什麼？」一樣，鳥寶可能也很納悶「為什麼？」而訓練，就是用來化解誤會的溝通手段。

獎勵？

＊抑制發情的環境：擁有豐富的食物、舒適的溫度是促進繁殖的條件，而和人類一起生活的鸚鵡，全年都有更高機率會發情。可想而知，要抑制發情，不妨試試調整食量、不讓鳥寶清醒到大半夜等。

本篇配方適合

- 飼養一隻鳥寶的人
- 就算被咬也會忍耐的人
- 一旦鳥寶咬人就把牠關回鳥籠裡的人

案例 3

不只有鸚鵡需要訓練

「第一次遇到這麼愛咬人的！個性真的很差！」這個虎皮鸚鵡小空是兩歲的男孩子。幼鳥期就被接回這個家，主要都是爸爸在照顧牠。但是，牠從來不咬媽媽跟女兒，不曉得為什麼只咬相處時間最多的爸爸。

柴田：牠在什麼情況下會咬你呢？

爸爸：不管什麼時候都會咬人！

柴田：唔，舉個例子，你伸手一〇〇%會被咬嗎？

爸爸：嗯？一〇〇%？

柴田：牠有不咬人的時候嗎？

爸爸：不！沒有！幾乎每次都會咬人！

柴田：「幾乎」代表不是一〇〇%吧？發生時是什

小空的情況

（虎皮鸚鵡）

家庭成員

小空（虎皮鸚鵡・♂・當時2歲）
爸爸、媽媽、女兒（高中生）

麼情形？請告訴我你那時採取什麼行動。

爸爸：不過牠真的幾乎一〇〇％會咬人呀！反正就是隨時都會咬人啦。

柴田：（哎呀）那你被咬之後做了什麼應對措施呢？

爸爸：就是按照書上說的做啊。

柴田：請告訴我具體做了什麼。

爸爸：就一般書上寫的內容啊！（重複一樣的話）

看起來像訓練師在挑飼主語病，但如果飼主的回答實在欠缺具體和客觀，我們就難以給出建議。根據經驗這樣的飼主並不少見，可見我「想做點什麼！」的心情越是強烈，飼主就越容易變得主觀。

因為無法掌握問題的實際情況，所以我先請爸爸在下次諮詢前做一件事情……寫觀察記錄。

小空咬人的時候：

- **爸爸做了什麼樣的行為（前因）**
- **被咬之後做了什麼樣的行為（結果）**

一個星期後，我依據觀察紀錄重新開始個別諮詢。查看後，我從中理出小空咬人的模式。

- **被放出鳥籠時不咬人。**
- **當牠站在最愛的遊戲架上時，伸手要牠跳上來會咬人。**
- **站在別人肩膀上時會咬人耳垂。**
- **伸手要牠從肩膀上下來時會咬人。**
- **別人在吃東西時會咬人。**

另一方面，爸爸被咬後採取的行動是——

ⓐ把牠從手上放下來
ⓑ晃動手
ⓒ把牠關回鳥籠
ⓓ離開現場（逃走）

爸爸說這四個應對都是參考書籍的。然而咬人行為沒有相應地減少，所以得出這四種方式都沒效的結論。他聽到後大受打擊，「我這麼努力……還以為是小空太笨。」

所有問題行為都有跡可循

事實上飼主的對應不只是無效，還強化小空咬人的行為。例如ⓐ的「把牠從手上放下來」，牠不僅不肯離開手，還咬了第二下、第三下表達反對。

ⓑ的「晃動手」看來讓牠在搖晃的手上玩得很開心；ⓒ的「把牠關回鳥籠」也沒有辦法馬上把牠關回鳥籠裡，小空四處飛來飛去，爸爸就在身後追著牠跑。

ⓓ的離開現場（逃走）反而是小空追著逃走的爸爸跑。

那麼家人的情況呢？小空咬爸爸時，媽媽和女兒採取的行動是：

- **在咬了爸爸以後還是不肯從手上下來，媽媽和女兒要出手幫忙。**
- **喝斥「你看，又咬人！」**

大家覺得是什麼情況呢？對小空來說，除了牠咬的對象以外，其他人也會爆發出「喝采」（「你看，又咬人！」），一下子就吸引了全家人的注意，聽起來玩得很開心呢。

至於訓練策略，我向飼主建議正增強作用，並根據前述小空的行為擬出以下因應訓練。

●從鳥籠裡放出來的時候不咬人（＝期望行為）。

①放出鳥籠時伸出手↓上手且不咬人↓給獎勵

②在鳥籠旁邊，讓牠再次回到鳥籠裡↓給獎勵

重複①和②幾次以後，放牠自由行動。

●當牠站在遊戲架上時，伸出手會咬人（＝非期望行為）。

或許遊戲架對小空來說也是領地的一部分了？如果不是的話，牠就會直接上手不咬人。

③伸出手詢問：「要到手上來嗎？」手不要突然靠近牠↓如果牠作勢要咬人或表現出攻擊性態度↓收回手並暫停。

④如果牠很平靜或願意站到手上時↓給予獎勵。

如果反覆幾次後小空的攻擊性未減，請離開現場。然後，間隔一段時間後再試。

學會觀察，就成功了一半

站在別人肩膀上時會咬人耳垂（＝非期望行為）。

仔細一問發現，小空並不是一站到肩膀上就咬，而是站上去一段時間（大約五～十分鐘）後才咬人。可由此推敲牠是在表達「理理我！」因為若咬人是牠的目的，照理說一站到肩膀上就會立刻咬人。作為對策，在牠差不多要咬人（＝求關注）的時間點，請跟牠說說話、眼神交流或給予獎勵。藉此讓牠知道「爸爸很關心我」而可以不用咬人。

伸手要牠從肩膀上下來時會咬人（＝非期望行為）。

「過來」的訓練是有效的。如果讓牠自己移動「過來」是平時玩遊戲的一環，牠就不會咬人了。

別人在吃東西時會咬（＝非期望行為）。

這是小空從經驗得出的表達方式。看到爸爸在吃零食，小空總是會纏著他說「給我！給我！」人類因為這個不能給鳥寶吃，就會拚命阻止。接著小空會用咬人來表達「喂！就叫你給我了！」敵不過的飼主就會舉白旗：「只能吃這一次哦」。

這時鸚鵡就累積成功的經驗：人在吃東西↓咬人↓得到食物。

說「只有這麼一次」能讓兒童理解，但並無法傳達給鳥寶。為了改善這個情況，我請飼主不可以餵小空零食，在放風時間他也不能吃零食。

只要適當傳達，鳥寶肯定會改變

這位爸爸重複「被咬的時候怎麼辦？」的問題，我就建議，今後被咬時無論如何都別做出反應，只有在牠不咬人時給予獎勵，藉此提升不咬人的行為發生率。但也要有準備，畢竟小空累積了一些經驗和實際成果，在訓練初期還是有可能會被咬。

一個月後，飼主跟我回報，小空的咬人頻率已經大大減少。爸爸堅持不懈地努力得到了回報。雖然他說過因為工作的原因很難撥空訓練，但哪怕是短短幾分鐘的訓練也能傳達給鳥寶，再加上平時的相處方式發生變化所帶來的結果。小空的學習行為從「咬人可以得到有趣的反應」轉變成「不咬人可以得到獎勵」。

在這之後，飼主為了加深交流而持續訓練，小空還學會了「過來」和「轉圈」。起初「個性很差」、「就是太笨才會這樣」等形象的誤解終於消弭。「我都不知道原來你這麼聰明……對不起，小空。」小空和飼主的訓練雙雙成功了呢。

打發時間

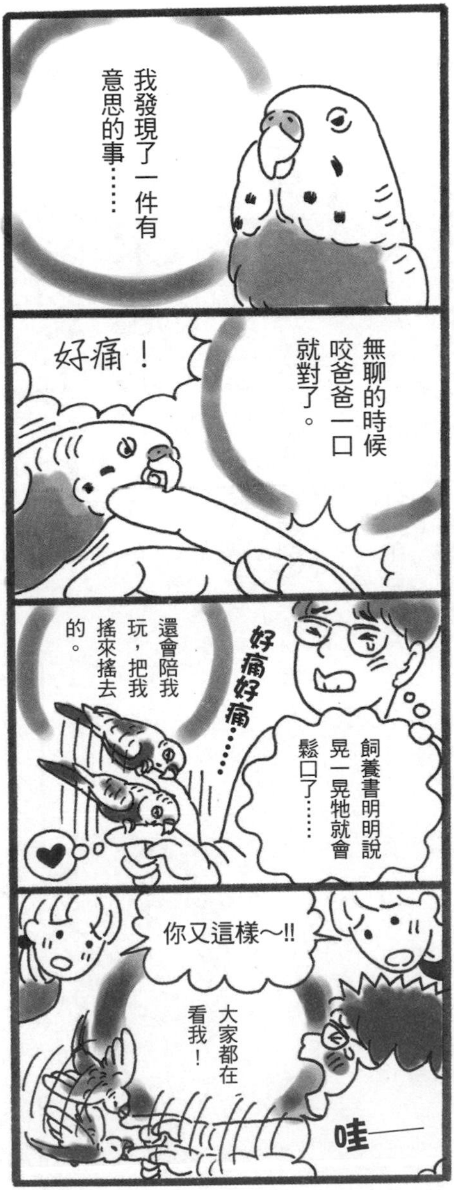

本篇配方適合

- 嘗試過所見所聞的方法但始終無法改善問題行為的人

案例 4

鸚鵡願意上手是很了不起的

「以後我們還有很長一段時光要一起度過，要是這一點可以改善就太好了……」

十三歲的HEHO，為了改善咬人行為和克服看到手的恐懼而來到諮詢室。牠在一歲多的時候被接回家裡，從一開始就很膽小。起初是治療腳傷和疾病，而開始害怕手，就連飼主的手也不敢跳上去，沒想到維持了十三年之久。

給牠搔頭或是飼主的注意力轉移時，牠就會突然咬人。一有什麼不順心的事情也會咬人，就算沒有做什麼驚嚇到牠的事，牠也會突然撲過來。

飼主對牠的期望是「好好撒嬌」、「別把人咬到流

HEHO的情況

（剛果灰鸚鵡）

家庭成員

HEHO（剛果灰鸚鵡・♂・當時13歲）
先生、太太（照顧者）

血」，她表示會努力達成「我和 HEHO 都能沒有壓力，快快樂樂地生活下去」這個長遠目標。

我第一次見到 HEHO 的時候，牠並不怕生，馬上就從外出籠走出來，還說了幾句話，感覺很親切。甚至還會一邊說「給我～」一邊從我手中接過爆米花。但根據飼主的說法，HEHO 個性相當謹慎，花了好幾年才願意從他們長期委託的鳥保姆手中接過零食。

希望牠用咬人以外的方式表達「不」

即便是不可避免的診療過程，但 HEHO 並不明白為什麼要用手抓住牠。牠會對手產生恐懼也是情有可原。可想而知牠至今為止的咬人行為，都是試圖逃離手的「自我防衛」。

接下來要努力的目標有兩大項：一是教導牠用咬人之外的方式來表達「不」，二是觀察 HEHO 的肢體語言、不強迫牠、營造一個不會被咬的環境（快要被咬之前收回手）。

飼主說：「牠對手非常抵觸，我已經做好長期作戰的心理準備。」她好像歷經一番苦戰。不過，即便鳥寶沒有跳到手上也還有辦法交流，所以我們決定先從做得到的部分著手。要推翻經過十三年養成的行為習慣並教導牠全新的行為模式，一點都不容易。必須要循序漸進地訓練然後持續下去。

雖然害怕手，HEHO 卻不排斥讓人撓癢癢。問題是過程中牠有可能會咬人，於是我請飼主在覺得牠差不多要咬人的時候就停手。在這時候咬人的原因有很多，例如不喜歡你抓的部位，碰到會痛的地方（像是羽毛生長的部分）等等。而 HEHO 的狀況還有可能是忽然想起自己對手的厭惡。但到頭來鸚鵡的感受我們無從得知。

透過突然中斷撓癢，會讓牠產生「咦？我還想要多搔一點耶。」的想法，強化牠的渴望。這次的策略是透過這樣的舉動讓牠忘記要咬人。如果不用○或一○○這樣極端的對待方式，鸚鵡是很難理解的，所以我請飼主一律別讓鳥嘴碰到手，包含親膩地啃咬。

飼主實行這樣的互動一週之後，HEHO 就不會再朝人撲過來了。據說在這幾天裡，飼主還是有一次被咬到流血了。不過相比以往，已經沒有咬住人就死不鬆口的情況了。牠甚至還會靠近過去從來不願意親近的先生，要求撓癢癢。這一點讓太太也感到很驚訝。

太太事後告訴我，她一度覺得「HEHO 已經有在克制自己的力道了，連親膩地啃咬都要禁止有點可憐……」但見識到 HEHO 的改變後，她終於能理解，我們人的應對必須「明確」，才有辦法在短時間內清楚地傳達給鳥寶。

不只教「不可以」也要教「可以」

還有，別忘記將替代行為（「不可以咬我的手，但可以咬玩具」）明確傳達給牠。如果牠有玩新玩具的餘裕的話，每一次牠不懼怕地接受玩具，都會為牠建立起勇氣和信心。

一開始，飼主將 HEHO 經常想咬的錢包鈴鐺裝進了球形玩具裡。然而，以前喜歡到會撲上來的鈴鐺一被裝進了球裡，牠就突然沒了興致，甚至連靠近都不肯。

但當飼主試著做手工玩具，把種子塞進紙箱碎片上時，牠完全不害怕，製作過程中也一直看著，甚至還說了「給我」。如果是紙箱玩具的話，牠不只不害怕，還願意玩！

我們決定採用正增強作用的訓練方式，雖然 HEHO 有愛吃的食物，但還不足以引發行動，所以我們在決定獎勵的時候遇到了一些困難。詞彙量豐富的 HEHO 很擅長解讀飼主的反應，所以我們決定主動多多向牠「說話」來作為獎勵。

首先要讓牠明白「手並不可怕」

上手訓練的第一步要從「摸腳訓練」開始，幫助降低牠對手的排斥。這是讓鳥寶學習「手不是可怕或不愉快的東西」，並把「上手」和「獎勵」連結起來的主要訓練，藉此塗改鳥寶對手的印象。

具體訓練步驟如下：

- **用手指碰一下 HEHO 的腳↓牠沒有試圖咬人↓給予獎勵（和牠多多說話）。**
- **碰一下腳↓牠試圖咬人／具有攻擊性↓沒收獎勵（毫無反應）**

經過大約一個月的訓練後，儘管很微小，但開始出現了變化。

在搔搔頭的時候，鳥寶像以前那樣作勢咬人的行為已經少了很多。雖然尚未對先生完全卸下戒心，但愈來愈常主動要求撓癢。當先生在睡午覺時，牠也會靠近要求撓癢癢。事情漸往好的方向發展。

至於玩具方面，牠好像會害怕現成的玩具，但從一開始手感就很好的小塊紙板漸漸到更大片的紙板牠都能接受了。從人類的角度來看，或許不覺得是多大的變化，但對於膽小的鸚鵡來說，從小紙板到大紙板是很大的邁進。雖然牠很警惕有人觸碰自己的腳，但當最愛的獎勵（食物）出現在面前時，被觸碰也沒關係。甚至連牠本來有點抗拒的先生都可以摸牠，確實得到了正面的回饋。

從牠時刻提防著沒有拿零食的那隻手可看出來，牠的戒心還是很強。十多年來對人類的手只有不好的回

※如果摸腳訓練在鳥籠外執行起來有困難，可以先隔著鳥籠開始！

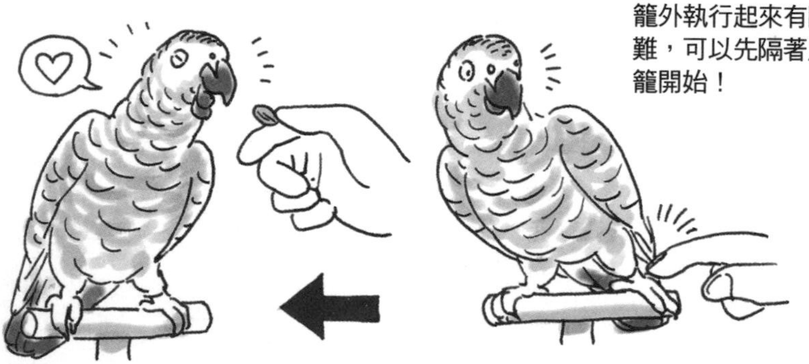

憶，所以短時間有這般成長實在不簡單。

願意上手＝「這個人可以信任」

訓練持續七個多月後，我們總算等到這一刻——HEHO 跳到飼主手上了！

一般覺得願意跳到手上好像很理所當然，但當你家鳥寶怎樣也不肯跳到手上、或養成咬人的習慣，就知道當牠第一次成功上手有多麼感動了。事實上就我接觸各種鸚鵡的豐富經驗來看，鸚鵡上手確實是一件很厲害的事。願意跳到手上代表：

- **信任飼主**
- **信任這隻手**
- **知道這個人和這隻手都是安全的**

這個行為只會發生在鳥寶絕對信任對方的情況下。我敢說一旦其中一項沒有具備，牠就會對手和人產生恐懼感和不信任感，最後導致「不願意上手」。

在努力學會了上手的 HEHO 身上，飼主逐漸看到更多變化。

她找到一點小技巧，只要從後面（背後）伸出手，上手就能更順暢。咬人的頻率也大幅減少，懂得把臉轉開來表達「不」。當牠發出叩叩的叫聲代表真的「非常不喜歡」。牠也開始會玩覓食玩具，也會讓飼主以外的人幫自己撓癢癢。

這段訓練不只讓 HEHO 大幅改變，也讓我有很多體會。在 HEHO 不肯上手的日子裡，飼主移動總是要依賴混凝土棲木（站棍）。有一天，飼主忘記帶她常用的混凝土棲木，只好拿出另一個T字站棍，問：「那你要用這個嗎？」一旁的我並不覺得那個階段的 HEHO 會想要站到沒見過的T字站棍上。想不到 HEHO 竟然站了上去。這一幕讓在場的所有人都為之譁然。大家都知道 HEHO 個性謹慎，就連飼主想更換鳥籠裡的站棍，牠也不願意，對於新事物感到膽怯。

這次事件再一次教會我，人類應該不要自我設限，別限制了愛鳥的可能性。只要飼主一點一點地堅持不懈地嘗試，或許有助於 HEHO 向前邁出新的一步。

十四歲時新認識的T字站棍。如果飼主先放棄的話，牠就不會跳到站棍上了。乍看之下似乎花費了很長的時間，但對於 HEHO 來說，這時候可能是個最佳的時機。太早這麼做，牠會不會接受都還是個問題。

訓練同時也是提升鳥寶的信心

任何鸚鵡都會有「不喜歡」、「不擅長應付」的事物。也許只是碰巧「現在不喜歡」，也有可能「絕對無法接受」。所以，我認為有必要觀察情況，只要不輕易放棄，每隔一段時間製造機會，讓牠們有機會接觸不喜歡的事物，就可克服各種困難，並為鳥寶帶來信心。鸚鵡這一生的可能性取決於一起生活的人類。

還有，當飼主有「時間會解決一切」的念頭，那麼改變的可能性就是零。採取合適的做法，按部就班地進行，成功的那一刻總會到來。在店裡，每一天都有鸚鵡教會我這個道理。

面對膽小的鳥寶，比起「不要嚇到牠」的相處方式不如循序漸進地讓牠一步一步習慣各種事物，在互動中培養膽量和信心，提升其抗壓能力。目標是成為一隻身心強大的鳥寶。HEHO 就確實和飼主一起辦到了。

套句飼主的話，HEHO「歷經十四年的艱辛後，踏上成為上手專家的道路」。希望牠繼續精進自己並享受作為上手專家的樂趣。

有心就做得到的男人

本篇配方適合

- 對人類的手有恐懼感的鳥寶

案例 5 沒辦法放牠離開鳥籠……

KOO 的案例並不罕見。因為飼主害怕被咬，再加上放出來又會抓不回去，就不敢放牠離開鳥籠。這樣的情況持續了五年。沒錯，五年來 KOO 從來沒有踏出鳥籠。

在這之前我也碰過一些大型鳥類，因為會咬人，所以二十年或三十年來都沒有讓牠們離開過鳥籠。就中小型鳥類而言，雖然持續的時間沒有這麼久，但類似的情況也不少。

我覺得很心痛，「要是能早點遇見牠就好了……」非常遺憾的是，沒有地方可以進行這種訓練諮詢。這是個即便諮詢獸醫也解決不了的問題。

KOO的情況

（黃兜吸蜜鸚鵡）

家庭成員

KOO（黃兜吸蜜鸚鵡・♂・當時6歲）
先生、太太（照顧者）
與其他4隻鳥寶同住

接下來的目標是，讓 KOO 在鳥籠外愉快地飛來飛去，飼主也不需要心驚膽跳，努力讓雙方都能開開心心地生活。

KOO 是在一歲時被接回家的，「從一開始」就會咬人。我想肯定是「沒有人教過」牠不可以咬。沒有人教，牠就不可能會知道。也因為飼主不知道要如何教，恐懼感也就更強烈。

被咬都會痛——尤其是 KOO 這類鳥嘴又細又尖的鳥種，被咬的時候會很痛，感到害怕也是理所當然的。但是，如果明白鸚鵡咬人一定是有原因的，就能弄清楚應對方法。就像面對看不見的敵人一樣，不曉得原因才最令人擔心。

因為玩心重而成為「籠中鳥」

KOO 是吸蜜鸚鵡。和其他品種相比，牠們獨特又很愛玩。興致一來的時候，有的甚至會滾來滾去地玩。

被咬當下的情況，飼主很難觀察也不記得。原因我猜有可能是興奮，比如，沉迷於樂趣時隨興奮感上升到達頂點，這時誰一伸手就會被咬！這情況很常見，不論鳥種。

雖然鳥寶咬人通常是為了攻擊、或保護自己和自己的領地，但玩得太開心也是會咬人的。在牠亢奮的時候最好不要伸手並等牠完全冷靜下來。

一反碰到什麼東西都咬的「暴脾氣」印象，當我第一次見到KOO，在我吹口哨的時候牠會立刻模仿，配合度很高。牠長時間都在鳥籠裡度過，即使有玩具也一定很無聊，胸口附近還有一些拔毛的痕跡。

突然放牠出籠，飼主自己可能都還沒有做好心理準備，所以我制定計畫——先讓KOO在鳥籠裡做「標的訓練」。即便隔著鳥籠遞零食也有可能會被咬，所以要先教牠怎麼領取獎勵。

要改掉接受獎勵時咬手指，可以先隔著鳥籠訓練，有助於雙方掌握竅門。

獎勵最後決定是蘋果。我請飼主把蘋果切成一口大小，但一開始飼主光是要伸手遞蘋果就害怕得不得了。為了避免KOO突然咬人，遞蘋果的位置選在牠從鳥籠的縫隙間伸出鳥嘴時，咬不到手指但咬得到蘋果的距離，藉此緩解被咬的恐懼感。第一步，是從飼主的訓練開始。

如何讓鸚鵡和平回籠

掌握到遞獎勵也不會被咬的距離後，就可以開始標的訓練。這是動物園等設施採用的主要訓練，目的在於動物的健康管理。在動物園裡，有的動物可以和飼育員處在同一個空間，甚至可以觸摸；而有的無論經過多少訓練，只要沒有隔著柵欄就充滿危險。

因此，為了能夠隔著柵欄安全地提供必要的照護——如抽血等檢查或治療、刷牙、剪指甲等，園方會利用標的訓練，讓動物主動靠近。

這做法是用棍狀的細長物體作為「標的」，如果身體的一部分碰到標的的末端，就可以獲得獎勵。這樣的訓練可以應用於遊戲的一環或是改善咬人等行為。

如果是在家裡自己做的話，「標的」用免洗筷就可以了。鳥寶用嘴巴「輕輕」觸碰筷子就可以獲得獎勵，但如果出現攻擊性的觸碰（例如用咬的），或試圖去咬拿著筷子的手指，那就沒有獎勵。反覆這麼做。

以下是進行標的訓練時的注意事項：

- **保持耐心，不要主動將筷子遞到牠的嘴邊，也不要用標的追趕牠。**
- **如果牠對標的有戒心，換成牠更熟悉的東西，或是多花幾天讓牠適應。**

要有耐心，等待鸚鵡自行觸碰標的物，會需要不少時間。但只要在標的旁邊亮出獎勵，總是會觸碰到標的的。要即刻給予獎勵，接著讓標的一點一點遠離獎勵，重複這個循環。

如果牠已經能把觸碰標的和出現獎勵連結起來的話，可以嘗試移動到鳥籠的上下、左右、前後。要是牠會追上來，就代表連結成功。「只要輕輕觸碰筷子就可以得到獎勵～」KOO經過幾次訓練就能把兩件事情連結起來了。真的很聰明！

KOO玩得很開心，飼主也很高興，不過她有個小習慣。標的訓練的要訣之一是節奏保持一致。本來的流程應該是：

【伸出筷子】↓【觸碰】↓【獎勵】

但卻變成【伸出筷子】↓【觸碰】↓【獎勵】↓【雙手豎起大拇指誇獎】

多做的步驟是飼主個人的小習慣，一旦她意識到「得誇獎牠才行」就會不自覺豎起大拇指。給予獎勵已經是明確的表揚了，我提醒飼主專注在有節奏地進行就好。

只重複了十次，KOO就理解兩件事的關係。飼主更是高興得想繼續，我只好說：「差不多可以結束了。我們說好在KOO玩膩之前，要先告一個段落的。」讓她冷靜下來。

KOO是隻很親人、會仔細觀察人們動作的鳥寶，讓牠投入訓練並不難。

在兩個星期後的第二次個別諮詢，我詢問訓練成果如何。在鳥籠裡進行的標的訓練幾乎是一〇〇%成功！非但左右、上下移動難不倒牠，也學習到在領取獎勵的時候不可以咬手指。這段期間 KOO 每天只做五分鐘的標的訓練，儘管如此，牠一樣成功學會了。

任何訓練都應見好就收，因為成功的前提之一就是飼主和鳥寶雙方都樂在其中。

鳥寶老是往高處飛的原因

既然訓練成功，當天果斷地決定把 KOO 從鳥籠裡放出來。飼主還是很害怕，但在訓練師的陪同下讓她決定試一試。

KOO 時隔五年走出鳥籠，牠先是在諮詢室裡自由自在地飛來飛去，散發喜悅之情。而牠對飛行仍舊熟練的樣子，讓我看了很感動。

飛了一會兒後，牠降落在鳥籠的頂端。等牠平靜下來以後，再次開始標的訓練。牠順利地觸碰標的（＝筷子）並領取了獎勵，表現得非常出色。有幾次 KOO 衝勁過猛，不小心咬到了拿著筷子的手指（雖然沒有咬得很大力），但畢竟咬到了手指就要沒收獎勵，重複幾次過後，即使手指就在旁邊牠也不會咬到。真的很聰明呢！

完成在鳥籠頂端跟著標的物左右移動的任務後，若是在鳥籠一側向下移動。把標的一點一點地移動到鳥籠入口附近，牠也能跟上，最後自己回籠。以前沒有放牠離開鳥籠的原因有二，一是牠會咬人，二是不曉得讓鳥寶回籠的方法。但是透過標的訓練學會如何回到鳥籠裡以後，之後牠就會自己回去了。飼主被 KOO 的聰明所驚豔。

這次訓練的兩個課題——一〇〇%完成標的訓練、離開鳥籠後能自己回到鳥籠裡，KOO只用兩個星期內就輕鬆完成。

不僅如此，牠也能跳到飼主、陌生人（訓練師）的手上而不咬人。我於是宣布「KOO準備好了。飼主也有心理準備了，今天開始在家也把牠從鳥籠裡放出來吧。」

一個星期後，某天，晚上七點左右，我接到一通KOO的飼主的電話。她語帶慌張：「我鼓起勇氣把牠放出鳥籠，牠卻飛到高處不肯下來！該怎麼辦才好呀。」

因KOO的家離我們店有一段距離，而且只要判斷飼主有辦法解決的情況，訓練師就不應輕易地趕過去。畢竟與鳥寶建立起關係的人，終究是飼主自己。我在電話裡讓她冷靜些：「就像之前練習那樣，妳先把標的給牠看，不然就是伸出手，我想牠應該會跳到手上的。」她似乎慌張到忘了嘗試這些事，她連忙說：「原來如此！好的，我試試看！」然後就聽見電話那頭傳來了，「KOO，過來，這邊，啊……跳上來了！」。

「牠順利回到鳥籠裡了！」聽見飼主開朗的聲音，事情總算是解決了。我想這件事也給了飼主更多的信心。

讓愛鳥活得更無拘無束吧

訓練為期一個月時，標的訓練已是小菜一碟。雖然本來就知道吸蜜鸚鵡的動作很敏捷，但牠們在瞄準筷子（＝標的）後上前觸碰的速度非常出色。起初，光是從鳥籠側面往下走都是小心翼翼的，到現在無論是要上下還是左右，動作都很俐落。KOO 已經學到爐火純青的程度。

這時我們有新的課題了，那就是：在家把 KOO 從鳥籠裡放出來，牠總是會飛到高處，根本無法進行訓練。一旦飛到高處就不會輕易下來。

「當牠飛到高處時，妳會怎麼做呢？」我這麼一問，飼主便回答，她會在底下叫牠快點下來。大家看到這裡應該注意到了吧？鳥寶總是無時無刻不在思考如何吸引飼主的注意。情況可能是這樣的：

站在 KOO 的角度，飛到高處↓飼主就會靠過來↓還會一直跟我說話↓真好玩♪

我告訴飼主，鳥寶飛到高處時的應對方法——

當 KOO 飛到高處時，飼主不要去接近牠，坐在遠處就好。盡量避免視線交會並假裝在做別的事。結果 KOO 叫了一會兒，像是在抱怨「為什麼不過來我這裡？」就自己飛下來了。

與其要求牠不要飛到高處，不如告訴牠有其他選擇。如果牠停在飼主可以接受的高度，就會得到很多鼓勵和獎勵。當鳥寶飛到太高的地方時，就不要做出任何反應。

飼主肯教牠們就肯學

飼主驚訝地跟我分享，當 KOO 久違的走出鳥籠，說出了牠在五年前學會的話。

五年前，把 KOO 接回家沒多久的時候，好幾次把牠放出鳥籠後，牠就遲遲不肯回籠，飼主會很為難地說：「KOO 過來」。而過了五年牠模仿的就是這一句。連飼主都忘記自己曾這麼說過時，牠卻用與飼主如出一轍的語氣說：「KOO 過來。」也許是 KOO 在看到外面的世界和主人在底下呼喚自己的場景，勾起牠的回憶吧。我再次體認到鳥類令人驚豔的記憶力。

後來，套一句飼主的說法，「KOO 正在享受牠的鳥生」，當牠被放出鳥籠，經常會扔各式各樣的東西，和飼主玩我丟你撿的遊戲。

「多虧了訓練，KOO 現在已經完全不咬人，也會乖乖回到鳥籠裡。」聽見飼主分享她們現在的快樂生活，我也很開心。

對於在短短兩個星期內，KOO 就能有這

麼大的變化，飼主表示非常感動。其實牠只是至今缺少機會學習如何和人互動而已。所以顯著改變的是飼主的行為和心態吧。因為 KOO 真的很聰明，轉眼間就能學會很多事情，但這也是因為飼主教導得當。飼主也做得很好！

多的是因為咬人問題而在鳥籠裡度過十年、數十年的鳥寶，而飼主們來做個人諮詢的契機就是想改善這個處境。

這次我能夠協助一隻鳥寶在改善生活上取得進步，對我來說也是至高無上的喜悅。希望 KOO 未來的生活會越來越快樂。

身體不自覺地……

本篇配方適合

- 害怕被咬的人
- 頑皮的鳥寶

總結

咬人是後天學習而來的

你可能多多少少聽過寵物鳥咬人是正常的、這是牠們與生俱來的天性……的說法，但其實不然，咬人的行為是經由後天學習的。

就像我們會說「過去經驗會成為將來行動的依循」一樣，咬人的行為肯定有其原因，而不是鳥寶生性暴躁或凶猛，主要有以下四種模式。

①表達意圖／習慣

②防衛

- **自我防衛：膽小或害怕人類的手的鳥寶。**
- **領地防衛：好發於發情期～雛鳥孵化的時期。**

③自我意識萌芽（約一歲）

④從親膩地啃咬變成真咬

③和④是在鳥寶成長過程和玩耍過程中的主要觸發因素。

在先前的案例研究中，我介紹了這些咬人行為的案例，並逐一說明咬

人行動出現的過程、原因及改善對策。

以「正增強作用」取代懲罰

解決這些咬人案例的共同重點如下：

營造不會被咬的環境，解讀鳥寶的肢體語言：

我們不只要透過訓練，讓鳥寶知道不可以咬人類的任何身體部位，還須營造出不會被咬的環境。只要不讓鳥寶有機會咬人，這個行為將來就不會出現。咬人是出於「討厭拐彎抹角」這個動機，所以只要稍微尊重牠的肢體語言就能大幅降低。

被咬之後的應對方式：

如果你試過坊間那些標榜「被咬了就這麼做！」的做法，但不見效，那我可以告訴你，那些做法確實沒有用。只要我們能正確地將意思傳達給鳥寶，咬人的頻率能降到最低。希望各位保持耐心並嘗試本書中的方法。

「怎麼誇」比「怎麼罵」更重要！

被咬當下飼主可以怎麼應對？首先絕對不是責罵、懲罰，這些只是一時之效，並沒有教導牠們「怎麼做才是對的」。如果飼主沒有意識到這一點，那麼每當被咬，就會更加偏向訓斥的訓練思維。有些鳥寶可以忍受懲罰，前一次奏效的方法可能會起不了作用。宛如陷入了螺旋式的懲罰，只會不斷升級、持續加劇。

導致與鳥寶之間的信賴關係產生裂痕，顯然對飼主來說也是不樂見的情況。相對的，正增強作用是一種「獎勵訓練」，在發想更多誇讚鳥寶的方法時，對鸚鵡、人類雙方都更開心。請仔細重新確認鳥寶的行為動機，（藉由給予獎勵）提升期望行為（這裡指的是不咬人）的發生率，減少非期望行為的發生率並徹底消除。

人們常說「從幼鳥開始養，就會很親人」，但這與很多人的經驗不相符。確切來說，不是「鳥寶變得很愛咬人」，而是飼主「讓鳥寶變得愛咬人」。也有另一派說法認為「從成鳥開始養不會親人」，但哪怕你接回家養的是一隻野鳥，只要用適當的方式和牠相處，牠也一樣會親人（但不一定是飼主理想中的關係）。簡單來說，一切取決於飼主怎麼對待鳥寶。

成功訓練的訣竅

很多飼主會說：「就只有這麼一次哦。」但這句話對鳥寶來說並不管用。妥協是部分強化的開始。

我所諮詢過的行為問題，大都源於人類對自己的行為覺察不足，我們在毫無自覺的情況下做出了一些行為，還想著「我有做出那樣的反應嗎？」間接教導鳥寶做出非期望行為。

鳥寶所有行為的動機都是「快速」和「有效」。如果鳥寶的行為不是出自與生俱來的本能，那就是飼主、其他人或周圍的環境在特定過程中強化了牠的行為。

區分「連續強化」和「部分強化」

這種「強化」方法在教導期望行為時也很有效。

【連續強化】

每次動物做出特定行為，就給予強化因子（報酬或獎勵），例如每次做某事時就稱讚牠。無論是要讓鳥寶學會新行為、期望行為，或想要馬上讓牠做出的行為，連續強化都很有效。

【部分強化】

和連續強化不同，要多次做出特定行為才給予強化因子（即報酬）的，屬於部分強化。如果你想讓鳥寶以後也做出特定行為，可先透過連續強化教育牠們，再利用部分強化來持續這個行為。

「部分強化」不僅在培養「期望行為」上有效，也會讓鳥寶學習「非期望行為」。「呼叫」只要成功過一次，鳥寶的心裡就會想「奇怪？是叫聲不對，還是不夠大聲嗎？」平時飼主還會忍耐個十分鐘，但今天實在不想忍，就妥協一次，把牠從鳥籠裡放出來。這就是典型的部分強化，鳥寶學到「原來如此！只要叫超過十分鐘就可以了！」

除了「呼叫」之外，還有明明知道是不能給的零食，但還是妥協說「只有這一次哦」。當然，從此鳥寶就會使出渾身解數來表達「還要還要」。就算飼主說不行，牠當然不聽。人與鳥經過一番拉鋸戰，鳥寶用咬的來表達「嘿，給我啦！」之後，人類要是妥協說「好啦好啦」就把零食給牠的話，牠就學會「想要的時候就用咬的！這還不簡單！」下一次開始，牠就會用咬的方式來表達自己的意圖。

為了避免無意間落入部分強化的陷阱，希望飼主能理解制定規則和貫徹的重要性。

你應該知道的「消弱陡增」

在改善呼叫、咬人、拔毛、自咬的問題時，我一定會對飼主說明「消弱陡增」的現象。了解這一點有助於防止飼主誤以為自己的訓練進展不順利。

在訓練過程中，鳥寶有時候會突然做出令你覺得一切回到原點的行為。這是一種壓力狀態，鳥寶至今為止都好好的，但會在某個瞬間突然爆發，稱之為「消弱陡增」。

如果不了解消弱陡增現象，很容易就自暴自棄地認為「不管再做什麼都沒有用了！」事實上，該現象反而證明了飼主有正確地把想法傳達給鳥寶，而且通常在這之後，期望行為就會穩定下來。

消弱陡增現象不一定會出現，時機可能在訓練開始幾天後，也可能是幾週後，而且通常持續不到一個星期。當鳥寶反覆做非期望行為，我們也不能過於客觀地一概歸咎於消弱陡增現象，以下方法能幫助你判斷——

- **某些行為正在朝著改善的方向發展，之前卻出現像是回到原點一樣的行為。關鍵在於是否想不出其他原因，且互動方式一直依照規則。**

↓消弱陡增的可能性很高，請繼續按照一貫的規則進行訓練。

- **本來某些行為正在朝著改善的方向發展，但出現像是回到原點一樣的行為。對於原**

因有點頭緒。

↓不是消弱陡增的可能性很高，飼主有必要重新檢視互動方式。

如果在進行一個星期的訓練後，仍然沒有看出任何改善，那可以判斷為你的想法沒有準確地傳達給鳥寶，需要重新檢視一下訓練內容。不管你堅持多久，哪怕過了一年半載，如果訓練內容沒有傳達出去，你都不會看見任何成效的。在觀察鳥寶行為發生率的同時，也需要靈活地審視訓練內容（包括獎勵）。

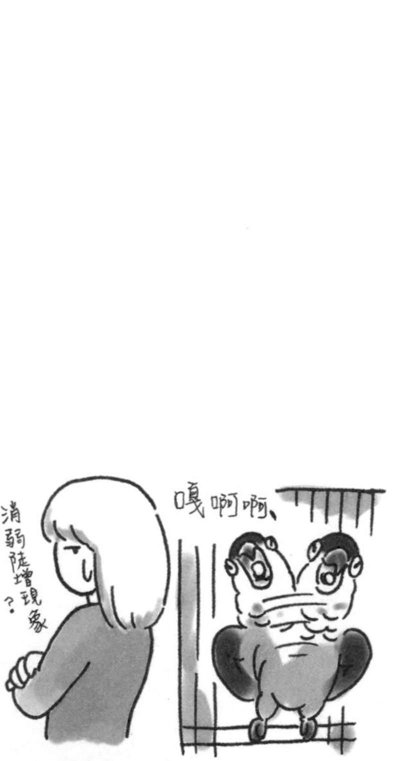

傷腦筋二

拔毛、啄羽

拔毛或啄羽的原因不只一個，但常在飼主不知不覺間，
就形成一種習慣而難以遏止……
拔羽毛拔到皮膚露出、咬自己咬到流血……
你可能會好奇「為什麼要做到那種程度？」
我們需要很有耐心地去改善。

案例 6

鳥寶出現自我刺激……

當飼主第一次來諮詢啄羽問題，小福的脖子上纏著厚厚的自黏彈性繃帶。因為繃帶一圈一圈的纏著讓脖子看起來更長的模樣（雖然有點失禮）實在是太可愛了，我忍俊不禁。但是這意味著牠沒辦法隨心所欲地理毛。聽說這個狀態持續了有兩年，我強烈地想要幫助牠擺脫纏繞在脖子上的繃帶。

醫院治療如果沒有配合從生活環境著手，那麼效果就十分有限，於是才有了這一次的個別諮詢。

從談話中了解目前的生活方式和鳥籠擺放的位置後，我認為小福啄羽的原因，可能跟發情有關。

牠會對鳥籠裡的懸掛玩具發情，然後一直用屁股去

小福的情況

（虎皮鸚鵡）

家庭成員

小福（虎皮鸚鵡・♂・當時4歲）
媽媽、女兒

磨蹭。後來飼主按醫院的建議把發情對象（玩具）拿走，導致牠無事可做，便開始拔自己的毛。要禁止某件事，就得教導牠做替代行為，這是訓練的通則。

對玩具發情很常見，但進一步細看玩具的材質，會發現牠喜歡對塑膠玩具發情，而不會選木製的。此外，接觸玩具的頻率也很重要，一直掛著的玩具很容易成為發情對象，所以玩具可以輪流給，讓牠保持適度的興趣。

另外，如果鳥寶很快玩膩一個玩具，你可以試下面三招，透過一些變化帶給牠新的刺激：

- **改變位置**
- **懸掛玩具改成平放**
- **與其他材料結合**

如果「更換新的玩具牠也『很快』就適應，又開始用屁股去蹭」，那你就需要根據「很快」的所需時間，或所需天數為基準來輪換玩具。對間隔時間「很快」的定義因人而異。以小福為例，當我問：「大概過了多長時間牠會開始用屁股蹭玩具呢？」飼主回答「三天左右」時，我心想那也沒有多快。按這個案例的基準是三天，那就每隔兩天更換一次玩具。

如果滿足條件，自然就會發情

接下來會探討鳥類的本能：發情。在野生環境下，鳥類每年發情一次是很自然的，但為什麼人工飼養會更常發情、或周期較長？原因就出在人類的生活環境。從下面鳥類發情的條件便可知：

①豐富的食物
②舒適的溫度
③不用擔心被敵人襲擊，沒有壓力
④清醒的時間很長

小福的啄羽行為一開始可能單純出於發情，然而心愛的玩具被奪走，加深了牠的不滿，因而開始傷害了自己的身體。

在來找我諮詢之前，飼主針對發情和啄羽採取了下面的對策：

- **因為看見女兒會讓牠啄羽情況更嚴重，所以減少女兒與小福的相處時間。**
- **把發情對象的玩具從鳥籠裡拿走了。**

在鳥籠外，把牠會用屁股磨蹭的遙控器、電熱毯的開關等塑膠製品藏起來。

即使發情對象被移除，只要環境滿足發情條件，那麼鳥寶還是會繼續發情。所以這三個都是治標不治本。

一旦拔毛或啄羽養成習慣，就會變成一種常態行為。就好比人類也會無意識地摸頭髮或抖腳。透過重複相同的行為，就會形成一個循環，在這個循環中，自我刺激行為會在腦內產生快樂物質（多巴胺）。這就是為什麼要改善這樣的行為會很困難。

小福大半輩子都在不斷地咬自己，可想見改變需要很長一段時間。即便這麼做會在改善和復發之間反覆，我希望讓牠理解：有很多比傷害自己的身體更有趣的事情。而成敗取決於飼主的觀察力與持續的學習。

適度壓力，是生活的動力

為了避免給小福造成壓力，飼主都在相同時段照顧牠。但想要打破常態行為的第一步就是改變生活節奏，並且要注意，必須從對鳥寶來說沒有負擔的部分開始。

比方說，叫醒小福本來是媽媽的工作，現在改成和

女兒輪流。

早上八點左右，本來的行程是「更換報紙↓放風時間」，改成先放風，在放風時間裡更換報紙。這是因為飼主說在更換報紙的時候，小福會發脾氣——事後發現這屬於人類的片面解讀，拚命想要咬被防咬頸圈包覆的脖子。

為了讓小福早點睡覺，醫院建議飼主在晚上七點左右幫鳥籠蓋上布套，但鳥籠所在的客廳裡還有人，這麼做一點意義都沒有。所以我請她在小福睡覺的時候把鳥籠移動到安靜的和室裡。鳥寶的一天有大半都在鳥籠裡度過，所以鳥籠的擺放位置很重要。小福的鳥籠本來放在印表機附近，時不時會被小小的震動或聲響給打亂作息。於是我也請飼主重新考慮移置或者是把印表機移開。

另外，為了在鳥籠裡設計一個隱蔽的空間，我請飼主用手帕遮住鳥籠的一部分，藉此隔開人的動作和視線。

光是在做這些小幅調整之後，就更常看見小福窩在手帕的旁邊平靜地睡覺。

要抑制發情，打造放鬆的環境固然重要，但仍然需要保有適度刺激。於是我請飼主在小福「可以忍受的範圍內」更改鳥籠裡的佈置。我建議不要移除發情對象（鞦韆），而是增加幾根站棍，讓牠有地方可以自己搔頭或撓脖子。這樣原本脖子上套著厚厚的防咬頸圈的小福，便可以自己抓癢，緩解「很癢但抓不到！」的挫敗感。

至今為止，飼主為了避免誘發發情而將小福和女兒的接觸控制到最低，但我認為這麼做反而增加了小福的不滿和不安。所以，我請她們在小福叫的時候（除了故意呼叫）給予回應，並多跟牠說話。這種「聯絡叫聲」的目的，在於安撫並讓牠們感到滿足。

此外，進食也是好的切入點。我請飼主不要放整根粟米穗，加點設計讓小福沒那麼容易吃到。這種花時間尋找食物的過程叫做「覓食」，對寵物鳥來說是一種很好的刺激。雖然市面上有很多覓食玩具，但其實用紙把食物包起來、或貼在鳥籠外就有同等效果。獲取食物的難度提升，鳥寶就需要動動腦筋。也可以在飼料碗裡放一些木塊、寶特瓶瓶蓋或食丸，也會促進鳥寶動腦思考：「這裡面是不是放了什麼奇怪的東西？」

飼主還提供資訊：小福常啃咬保鮮膜。於是我請飼主尋找類似的材質用來包裹牠最愛的粟米穗，這般做了許多嘗試。另外，我也要求她們，每當小福開始啄羽，就不要跟牠說話並且看向別處。

多思考前因，避免行為標籤

飼主告訴我，小福的脖子上纏繞著厚厚一圈繃帶，牠「有時候發脾氣會咬」或「一邊咬一邊尖叫」。由於沒有親眼見過，所以我做出咬衣領拉扯的動作，跟飼主確認「像是這樣嗎？」要到很久之後，我才發現飼主的認知可能有誤。

諮詢開始為期一個月，從觀察紀錄中可看到「尖叫」的情況沒有減少。在鳥籠設置了遮蔽區，也有增加覓食的難度，但小福還是會「尖叫」。也就是說，還有其他事情會讓小福感到坐立不安。

這一天諮詢結束後，飼主正在收拾準備回家，這時小福一邊發出「唧唧」的叫聲，一邊用臉頰磨蹭外出籠的門上的小凸起。

飼主看見這一幕就說：「牠又開始尖叫了……」

「嗯？」

我立刻告訴飼主：「這不是尖叫，而是覺得舒服的表達方式啦！」飼主很驚訝地說：「咦！我一直以來都誤會他了！」

之前，我將紀錄上所寫的「尖叫」理解成表達不滿、煩躁，因而要飼主減少那些行為。例如牠「尖叫」的時候，為了轉移牠的注意力，會跟牠說話或給牠看玩具。但是，這卻打斷了撓癢欲求。持續這麼做就會讓不滿的情緒日益高漲。對不起，小福……幸好有察覺到這一點。

訓練初期，我問到小福在家裡的樣子時，飼主經常回答我：「不記得了」。所以第一步是從指導飼主把握觀察重點和書寫觀察紀錄筆記的方法開始。大約一個月後，飼主開始會一邊回顧筆記，很積極地告訴我在小福身上察覺到的事。

「這麼說起來，這件事可能不是很重要……我第一次買鞦韆時，牠咬著鞦韆的繩子邊拽邊玩。後來發現繩子鬆了，我把繩子重新繫上，然後牠就什麼都不做了。」

無關緊要的事其實通常會是很好的啟發，只有實際嘗試過後才能得出結論。由此，我們可以假設「因為高度發生變化，鳥嘴碰不到，所以小福才什麼都做不了」。做出假設後就是實踐求證了。當鞦韆的繩子重新綁到小福能咬到的高度時，牠就不斷地去啃咬。用心地觀察得到了回報。

即使復發也別自責

兩個月過後，小福不再那麼介意防咬頸圈，啃咬的行為也減少了。防咬繃帶的寬度一毫米、一毫米的縮減，慢慢地往好的方向發展。七個月後摘掉防咬頸圈，定期回診也結束了！摘掉防咬頸圈的小福簡直就是截然不同的一隻鳥——實際上，快樂結局並沒有持續下去。

摘除防咬頸圈大約半年後，小福又開始啄羽了。我作為一名訓練師固然會感到遺憾，不過，這是預期範圍內的事。畢竟小福是一隻大半輩子都在咬自己的鳥，而復發果然和發情脫不了關係。我回顧手邊的紀錄，發現去年這個時候也出現了這種傾向。

沒錯，這次不同了。我們已經有小福過去一整年的觀察數據。和最初的摸索狀態相比，要再次嘗試並不困難。飼主也一邊回顧以往所做的努力，並且再次嘗試。

她沒時間消沉。半年前，為了避免飼主每天心驚膽跳地生活，我告訴她：「如果復發的話，到時候再想辦法就好了。」努力過程是真正樂在其中，對鳥寶來說也是個很好的刺激。我相信，如果飼主自己很享受這種變化，並以積極愉快的心情和鳥寶互動的話，之後各種情況又出現時也能找出應對方法的。而我也會持續關注小福和飼主的未來的。

讓我有事做

本篇配方適合

- 養成拔毛和啄羽習慣的鳥寶

案例 7

啄羽是鳥寶的SOS

「我早上醒來時，發現鳥籠裡一片血海。」

光是想像那個畫面就足以讓人嚇得臉色發青。和尚鸚鵡RUBY是在三歲時開始出現啄羽行為的。某一晚，牠狠狠地咬傷自己的皮膚，飼主起床後發現鳥籠裡一片血海……在被飼主慌慌張張帶到醫院時，血液已經流失大半。RUBY住院了一個星期之後，便前來接受個別諮詢。

在問診階段，我會先詢問說「問題行為」是發生在「何時」及「何地」，確認是否在特定的時間或地點發生。這個問題，大多數飼主都無法立刻回答出來，但RUBY的飼主不同，馬上就答出來了。據說啄羽行為的

RUBY的情況

（和尚鸚鵡）

家庭成員

RUBY（和尚鸚鵡・♀・當時3歲）
爸爸、媽媽（照顧者）、女兒

發生時間僅限於「夜間」，據此可知，RUBY的行為動機不是引起飼主的注意。

晚上的睡眠非常重要，不僅是人類，對鳥類來說也是如此。想在晚上睡個好覺，不僅需要活動身體，還需要活動頭腦（思考）。動腦筋會消耗能量，也會感到疲倦。當你累的時候，你會睡得更好。於是我為RUBY制定以下目標：

①擴大白天玩玩具的範圍。
②進行需要動腦筋的訓練。
③安排日光浴和洗浴的時間。

③的日光浴本來是隔著玻璃窗的，我請飼主打開玻璃窗，讓RUBY能隔著紗窗做日光浴。玻璃窗會阻隔部分紫外線。哪怕只是一點點的日光浴也能為鳥寶提供必要的營養（維生素D3），還能起到良好的刺激作用，適用於所有的鳥寶。

越忙越快樂

此外，我還提出了以下建議：

④營造可以在夜間熟睡的良好環境。

自從發現 RUBY 的啄羽行為之後，飼主總是會去偷看正在睡覺的 RUBY。這種出於關心的舉止可能正是鳥寶睡不好的原因。情況搞不好是這樣的：

人類的心情：「你還好嗎？放心，我會在你身邊的。」

鳥寶的心情：「哇！嚇死我了！好不容易才睡著，居然被人偷看！叫人家怎麼好好睡覺！」

世上能參透 RUBY 心情的除了牠自己別無他人。我們以這個假設擬定行動。聽說有個房間晚上比較少有人進出，我就請飼主拿來當作 RUBY 的寢室，徹底管控室溫，而且一旦讓牠睡著了就絕對不能偷看！

RUBY 的個性本來就比較膽小。飼主甚至不能把玩具放進鳥籠裡，因為牠會害怕。但這樣下去，牠白天就無事可做。和尚鸚鵡雖然膽小，卻像是一團能量的集合體，必須消耗掉過剩的能量。我猜就是：身體「不夠累」所以晚上睡不好↓外頭這麼暗，在鳥籠裡也沒別的事可以做↓啄羽，陷入這樣的循環。

為了要讓 RUBY 在白天玩玩具，我請飼主一點一點地測試 RUBY 喜歡什麼材質的玩具，並找出牠最感興趣的東西。

據說 RUBY 喜歡咬報紙，就請飼主在鳥籠底下鋪報紙。也聽說牠不會怕寶特瓶瓶蓋，便請飼主在瓶蓋上打洞接著拿一根繩子穿過其中做成玩具，像這樣做了很多嘗試。

也讓 RUBY 挑戰咬紙板或紙杯！要降低難度，對於第一次挑戰的東西，飼主可先在牠面前動手摸一摸，表現出「一點都不可怕～好好玩哦～」的樣子。RUBY 自己一個人玩的時間逐漸變多，我覺得事情正在朝好的方向邁進。

④是這個案例的改善重點。早上鬧鐘的聲音也有可能是啄羽的觸發因素（因為突然發出聲響），所以也請飼主嘗試把鬧鐘換成較為安靜的鈴聲。

事情的進展應該會很順遂，因為 RUBY 啄羽的時間範圍明確地縮小到「夜間」，飼主的觀察也很準確，能判斷不同情形要怎麼做。

小心低估愛鳥的聰明及發展性

經過三個月，飼主和獸醫討論後，決定「把防咬頸圈摘下來看看」。我想飼主之所以能夠下定決心，是因為在 RUBY 戴著防咬頸圈的期間已經做好準備，讓牠對啄羽的注意力可以轉移到其他事情上。如果無所作為，一段時間後身體的傷口或許會癒合，但並沒有解決問題。

來吧，決勝負的時候到了！為了讓 RUBY 能在晚上好好睡上一覺，就要讓牠多多動腦。我們採用的是標的訓練：用免洗筷當作標的，只要 RUBY 用鳥嘴觸碰到筷子就給予獎勵。重複這個動作，讓牠發覺觸碰筷子就能得到一些好東西。

飼主在個別諮詢中學到一些訣竅，並在家裡嘗試這些時，發現 RUBY 僅練習六次就學會了。她對我說：「我沒想到牠這麼聰明……本來以為只要有給水和食物就好了，看來光是這樣還不夠呢。」

除了拔毛和啄羽之外，讓飼主困擾的行為還有咬人。自從開始這個標的訓練後，飼主表示「最近都沒有被咬了」。沒錯，標的訓練也能根治咬人問題。而 RUBY 之所以不再咬人，是因為與主人之間的交流變多了，而不再需要咬人來表達自己的意思。

為了培養 RUBY 的膽量和信心，我們嘗試讓牠跳到陌生人（訓練師）的手上。飼主也很擔心：「沒問題吧！？牠會咬人的！」在家裡，只有媽媽不會被咬。但當我伸出手的時候，牠不但沒有作勢要咬人，還跳到了我的手上。一旁的飼主相當感動地表示：「真不敢相信，除了我以外，牠還願意跳到別人的手上……。」

摘掉防咬頸圈後過了兩個月，還經常玩玩具，借用飼主的話來說就是「RUBY 正在享受牠的自由」。活用了標的訓練，RUBY 甚至學會了轉圈。

不只如此，牠還逐漸掌握了一些新技能，像是上下移動或是用飛的「過來」。飼主也給我留下了非常積極正面的印象。訓練目的並不在於培養才藝，而是找到一種方法讓鳥寶可以動動腦筋，使其減少傷害自己的頻率，進而在晚上好好睡一覺。

然而，摘掉防咬頸圈並不代表啄羽的行為就消失了。雖然這段時間沒有造成什麼太大的傷口，但有幾次看見牠右大腿上有咬傷的痕跡。但飼主無論何時都冷靜地思考原因並努力改善。例如在不清楚行為成因的階段，她在準確掌握觀察重點的基礎上進行分析，在不斷改善這一部分的同時，還會對玩具進行改進並訓練。我覺得 RUBY 充分地釋放了能量，很快地不需要訓練師的輔助了。

飼主的堅持讓成果浮現，成功避免啄羽演變成一種常態行為。

在摘下防咬頸圈快三個月時，我在看診時看見 RUBY 身上有一些新的咬痕。這時飼主說她知道原因：「也許是因為我們沒有在早上鬧鐘響之前把鬧鐘關掉吧。」平時都是媽媽會在女兒的鬧鐘響之前起床，並把鬧鐘關掉。媽媽自己是不需要鬧鐘就能醒來的人。

如果鬧鐘一響，RUBY 就會驚嚇、導致啄羽行為更有可能復發，這樣鳥寶與家人都很難安心生活。因此，我請飼主考量以下方法：

【選項A】

如果是鬧鐘聲音引發 RUBY 啄羽，那可以在白天偶爾播放一下，讓牠習慣這個聲音。剛開始把音量調到最小，然後逐漸調大。

聽說鬧鐘的鈴聲是像按鈴一樣鈴鈴鈴鈴的聲響，就連人類也無法適應這個聲音（所以才會醒來）。

【選項B】

乾脆換一個鈴聲比較柔和的鬧鐘。必須是不會太尖銳——讓 RUBY 可以慢慢習慣、但能喚醒人的聲音。

飼主選擇了**【選項B】**。

和鳥寶展開身體與腦的交流

一個月後，我收到了一封簡訊，上面寫著，「RUBY 又開始咬自己了，所以星期日會去一趟醫院。」

「哎呀……又復發了嗎……」直到第二天等待他們到來之前，我還一直膽顫心驚地想著「也許又要倒退回戴防咬頸圈的生活了」。見到後心裡真的鬆了很大一口氣，實際上並不是啄羽，只是不小心咬到尾羽的羽軸才會流血。我原本擔心飼主和 RUBY 會因此變得很消沉。幸好飼主和 RUBY 的表情看起來都很明快，只說「我還以為自己搞砸了呢」。

之後，在飼主一點一點地嘗試了木材、稻草、棕櫚葉、不鏽鋼等各式各樣的材質後，發現牠似乎很喜歡塑膠材質的玩具。而在當中，牠最喜歡的顏色是粉紅色。很少女心呢！

另外還嘗試看牠能不能跳到陌生人（寵物店店員）的手上。剛開始牠還充滿警惕，但憑藉著獎勵（粟米穗）的引力成功上手！一跳到手上，RUBY 的戒心就緩解了，希望可以從這裡漸漸提升牠的自信。我最大的心願就是讓牠最後成為一隻身心堅強、情緒不隨小事起伏的和尚鸚鵡。

當 RUBY 不再出現啄羽的情況，就從個別諮詢這裡畢業了。

第一次見面時，牠一直待在飼主的肩膀上，不肯下來諮詢室的桌面上，只從飼主頭髮間隙中窺看訓練師。現在抵達諮詢室，外出籠的門一打開，牠很快就主動走出來，在桌面上來回走動，動作也很活潑。

雖然偶爾還是會撞見拔毛的情況，但啄羽的問題暫時是不需要擔心了。即便再出現啄羽行為，我相信這位飼主也不會驚慌失措，她會分析原因，加以改進，堅持不懈地努力下去。

雖然大多數飼主都會說：「我會加油的！」聽到這句我每次都會說：「不必加油！開開心心地比較重要！」有一天，RUBY的飼主準備離開的時候也說：「我會加油的——啊！說錯了，我會跟牠一起開開心心地玩的！」這讓我感受到她真正理解了訓練的基礎——「和鳥寶一起開開心心地玩」。

RUBY的飼主領悟般地說：「飼主到底是個外行人，不管再怎麼用心照顧，如果缺少正確的知識和方法，是沒辦法克服問題的。我覺得啄羽是鳥寶所能發出的最大的求救信號。只要知道正確的方法，就能讓心愛的鳥寶幸福快樂。」她的這一番話給我留下了深刻的印象。

恐怖得很可愛？

本篇配方適合

・不僅在夜晚，白天也會拔毛、啄羽的鳥寶。

案例 8

當其他家人的配合度不高

鳥寶會拔毛的原因有很多種，其中「為了引起飼主注意」的情況，如果及早採取對策的話，是最容易改善的類型。不過，時間拖得越長，想要改善的難度就越高。因為拔毛會成為一種自我刺激行為和常態行為。

一旦察覺到拔毛行為，最重要的是不讓牠們學會「拔羽毛就能引來飼主的注意！」（↓傷腦筋2總結）。從ORIN的案例就能了解什麼是不該做的：

玩弄羽毛↓飼主搭話：「你又在拔毛？ORIN，不能這樣子！」↓「只要玩羽毛，飼主就會來跟我說話」

飼主就這樣完全中了ORIN的技倆。

在個別諮詢中，我不會設限於飼主所提出問題的框

ORIN的情況

（鮭色鳳頭鸚鵡）

家庭成員

ORIN（鮭色鳳頭鸚鵡・♀・當時1歲）
爸爸、媽媽（照顧者）、兒子
2隻狗

架，而是會檢視整體再給予建議。比方說，飼主希望改善拔毛或咬毛，但原因也有可能是看似毫不相關的事情（例如飲食）。

首先引起我注意的是 ORIN 的生活方式，牠每天有將近八小時的時間在鳥籠外度過。每個家庭的生活方式和規矩都不盡相同，但作為確認事項，我會請飼主思考「你今後能一直維持著同樣的生活方式嗎？」大型鳥類的壽命特別長，可能長達四十年、甚至六十年，我覺得好好思考現在所做的事能不能持續幾十年，是非常重要的。

漫長的鳥生會發生什麼事也不一定。比方說，鳥寶的身體不舒服必須靜養的時候，可能需要把活動限制在鳥籠裡，甚至是住院治療。人類外出旅行時，可能也需要寄託在寵物旅館或寵物醫院。雖然沒有人希望發生這種事——但萬一飼主出了什麼事，更換飼主也不無可能。當每天八小時的放風時間成為長久的慣例，突然碰到需要改變生活方式的情況時，ORIN 會很難接受。人類自己知道變化的原因，但鸚鵡不明白，所以會更難接受。

以前有過一個案例，有隻平時放養在鳥籠外的牡丹鸚鵡，飼主出於不可抗力因素，把牠強行關進鳥籠裡，結果牠就猝死了。突然的環境變化對鳥寶造成的壓力就是有這麼大。有的飼主會覺得「一直關在鳥籠裡好可憐」就選擇放養，但長遠看來，還是要思考這麼做是不是真的對鳥寶好。

ORIN 還小，只有一歲，所以我覺得要趁牠完全適應環境之前，仔細考慮怎麼做才是對牠最好的，再實際去執行。這時候牠已經陷入了**在鳥籠裡的時候擺弄羽毛↓飼主認為「關在鳥籠裡就會拔毛、咬毛」所以決定「不把牠關進鳥籠」**的循環。

為了鳥寶「將鳥籠視為主要生活居所」，我請飼主採取以下對策：

- **讓鳥寶知道飼料和水只能在鳥籠裡取得。也就是說，不在鳥籠外餵食。肚子餓自動就會回到鳥籠去。**
- **增加覓食的難度，讓牠在進食的時候花費更多時間動腦筋。**
- **如果牠有特別喜歡的玩具，就塑造一個只有在鳥籠裡才有玩具的環境。**
- **當牠待在鳥籠裡時多跟牠說話，給予更多陪伴，這是因為 ORIN 最喜歡得到飼主的關注。**
- **劃出明確的放風時段，將待在鳥籠外的時間慢慢縮短至十或二十分鐘。**

至於拔毛和咬毛的問題，目前還沒有演變成習慣的地步，只是 ORIN 學會了「咬羽毛＝吸引飼主注意」，因此我提出了以下「拔毛、咬毛對策」：

- **牠在拔毛的時候不要對牠說話，也不要看向牠那邊。**

- **不要盯著牠撥弄羽毛的痕跡看。**
- **用玩具把站棍裝飾得更有吸引力，讓鳥寶習慣自己玩耍。**
- **在牠做拔毛以外的行為時，例如玩玩具、吃東西、發呆的時候（換句話說，除了玩弄羽毛以外的時候）看著牠、跟牠說說話。**

這是一個改寫過去經驗和實際成果的作戰計畫，讓牠產生「奇怪？我玩羽毛，飼主也沒什麼反應」的想法，相對的，讓牠覺得「如果咬這個（＝玩具），飼主就會有反應耶，那我改試這個吧！」

厭惡刺激的應用情境有限

除了前述兩種應對方法，我們還嘗試使用「厭惡刺激」。對待厭惡刺激要非常慎重地使用，這只適合某些飼主。但以 ORIN 的情況來說，如果可以遵守規則，與獎勵並用的話，估計能傳達得更清楚，於是我請飼主嘗試看看。

- **咬羽毛↓飼主不做任何反應（不說話，避免目光接觸）。同時按響鴨子玩具。**
- **做出咬羽毛以外的行為（玩玩具、吃東西、唱歌等等）↓飼主主動搭話、關心、給牠最愛的食物。**

像這樣，在鳥寶做出不同行為後，飼主好壞分明的反應，會幫助愛鳥輕鬆理解和學習。ORIN 的厭惡刺激是鴨子叫聲玩具。聽見聲響時，鳥寶就會嚇到想說「什麼聲音？是什麼！」然後視線轉向玩具，瞬間停下玩弄羽毛的動作。

像這樣利用訓練對象討厭的東西或事情，讓對方知道「如果你做出這種行為（如拔毛與咬毛），就會出現討厭的東西」的方式，就是「厭惡刺激」。其難處在於，一但做得過頭，會給鸚鵡帶來很大的壓力，所以只要得到某種程度的效果就該停下來。當然，重點在於牠們做出期望行為（像是除玩弄羽毛之外的任何行為）後，會獲得什麼樣的報酬。

厭惡刺激的效果取決於程度拿捏得當。如果刺激太過強烈，會引發「敏化」——非但沒達成預期的學習效果，反而造成恐懼心理和恐慌；如果太弱，則會引發「馴化」——多次接收同一種刺激後逐漸習慣，以致於沒有效果。

而且，根據厭惡刺激出現的時間點和期望行為後獲得獎勵的時間點，反而會強化「非期望行為」，因此需要充分的規畫和留意。

長時間「飯來張口」的鳥寶

第一次個別諮詢的三週後，進行了第二次面談。正當我期待聽到成果如何時，飼主居然吐露了非常重大的告白。

飼主「那個……其、其實……牠現在吃飯還是手餵……。」

訓練師「咦——！是嗎？」訓練師完全掩飾不住自己的困惑。

第一次諮詢的時候，飼主好像是說不出口。由於在改善拔毛之前，應該先讓鳥寶從手餵畢業。於是我們馬上更換目標。現在根本不是思考要怎麼增加覓食難度的時候了。

還沒從手餵畢業，這聽起來好像問題是在 ORIN 身上，事實上需要改變的是飼主的心理層面。ORIN 已經成長到可以吃顆粒飼料的程度了，但飼主總是很擔心，老是「忍不住」在晚上手餵。

我請飼主接下來慢慢減少手餵的份量。而飼主會馬上同意，是因為意識到問題的嚴重性——ORIN 的體重下降。在

飼主配合ORIN的步調，一點一點地減少份量後，成功在六天內從手餵畢業。

無論是進入鳥籠或玩玩具的動機，「食物」總是最佳的動力。上次聽飼主表示「ORIN從來沒有對食物表現出執著過」，當時我想，如果牠對食物不感興趣，要讓牠對玩具產生動力，或是後續想執行的覓食訓練都會變得困難重重。但要是牠早就知道晚上會有人手餵的話，當然不會產生「我要自己吃！」的想法。

讓同住家人配合訓練的「一問」

ORIN順利從手餵中畢業（？）了。多虧如此，牠對食物產生了興趣，所以可以重新著手改善拔毛和咬毛的問題。就從包含「厭惡刺激」的措施開始。

訓練開始一個月左右後，牠站在站棍上時，開始會咬著玩具玩了。牠對玩弄羽毛的興致轉移到別處。

雖然拔毛和咬毛的問題已經解決了，但飼主的忍耐力似乎不如ORIN，她：「我知道有些事情不是很好，但我就是忍不住會去做。」看來除了手餵還有其他讓她糾結的事。

飼主（媽媽）：我在吃東西的時候，牠總是會想湊上來，該怎麼辦才好呢？

訓練師：不要給牠吃就好了。

媽媽：但牠會一直纏著你，還會咬著別人的嘴巴用力拽。
訓練師：那你們在那之後會做出什麼反應呢？
媽媽：因為牠一直討，也只能給牠了。我會很強硬地說「絕對不行！」但我先生總是會忍不住……。
訓練師：一旦給了牠，之後牠就會越來越纏人。
媽媽：我也跟先生說過很多次了，但他都說是 ORIN 太纏人……。

毫無疑問地，讓鳥寶養成壞習慣的其實是飼主。一旦鸚鵡過去有了「我這麼做（拽著飼主的嘴巴）就得到想要的了！」的成功經驗，這種行為就會被強化，並會在未來持續出現。如果沒有及時改善，鳥寶還會產生疑問，「奇怪？是不是這次咬得還不夠？那我這次咬得更大力一點好了。」鸚鵡的聰明展現在，牠們會為了達到目的思考進一步的手段，而且很持久。

改掉這個習慣首先需要爸爸的配合，但不管交代多少次，他都沒有改進。這在我諮詢的案例中不少見，就算飼主有心改善，卻可能得不到其他家人的配合。這時候，請和家人一起思考：如果現狀持續下去，最壞的結果會是什麼樣的？

唯有當問題迫在眉睫，人才有可能會改變。如果因為 ORIN 一直討食就忍不住餵牠吃人類的食物，長此以往最糟的後果就是「牠會咬得更大力」。哪天飼主的嘴巴或臉被狠狠地咬了一口也是有可能的。若是大型鳥類有相同行為，可能會對人類造成需送醫治療的傷害，並且影響之後鳥寶和飼主之間的關係。雖然鳥寶咬人有牠自己的理由，但在人類心裡已經種下了恐懼，也許無法再輕鬆愉快地和鳥寶互動。當然，鳥寶無法理解事情的嚴重性，更不會產生「我做了不好的事」的想法。透過用力咬人來表達自己意圖的行為可能會就這樣持續一輩子。

以 ORIN 的情況來說，牠待在鳥籠外的時間非常多，家庭內部討論後共同訂定了一條規矩：「家人吃飯的時候 ORIN 也在鳥籠裡吃飯」，讓牠適應這個規矩是最重要的課題。

如果鳥寶和多人一起生活的話，家人的合作至關重要。在得到家人的理解和配合之前，不要放棄，一遍又一遍地商量來說服他們。如果家人和你一樣喜愛鳥寶，一定可以理解怎麼做對鳥寶來說才是最好的。

「可是，我先生就很固執……」當你提不起幹勁的時候，試著向周圍的任何一個人宣布你想做的事或尋求他們的合作如何？不需要覺得難為情！這可是攸關你的心愛鳥寶，最好儘早下定決心。

啊，是這樣啊!?

本篇配方適合

- 自由放養或放風時間較長的鳥寶
- 全家共同飼養的人

案例 9

看似開朗的鳥寶一樣會拔毛

小莓是一隻即將一歲的玄鳳鸚鵡（應該是男孩子）。在諮詢室裡我對牠的第一印象是「個性開朗且不怕生的鳥寶」。牠對新環境（＝個別諮詢室）或初次見面的人（訓練師）沒有表現出任何害怕的樣子，甚至向我展示牠的歌藝和舞技，很快就在牠最愛的地面上四處探險。

怕生或膽小的鸚鵡一開始甚至會不肯離開外出籠；而有拔毛問題的，通常和主人都散發著一種鬱鬱寡歡的氛圍，所以我還是頭一遭碰見小莓這樣開朗的。但仔細了解後，會發現這不是全部的牠。

最早發現小莓拔毛、咬毛是在牠十個月大時。那

小莓的情況

（玄鳳鸚鵡）

家庭成員

小莓（玄鳳鸚鵡・♂・當時1歲）
太太（照顧者）、先生
文鳥

天，飼主把新玩具放進鳥籠裡以後就出門上班了。回到家以後，發現小莓已經拔掉了一堆羽毛。飼主吃驚之下趕快求助醫院，發現起因很有可能就是新玩具。在從院方得到「就當作是一種時髦的造型，不用太放在心上」的建議、被問道「要不要開藥？」之後，飼主轉而尋求個別諮詢。

在談話中得知，當飼主把新玩具放進鳥籠裡，小莓沒有露出一絲害怕的神色。如果亮出玩具時，牠有一點異狀，我想飼主在投入新玩具的時候也會多花時間並且更加謹慎，但卻被小莓看似毫不畏怯的一面反將了一軍。像小莓這樣，鸚鵡「不像飼主想像的那樣」的情況屢見不鮮。

- **以為牠對所有人都很友好，但其實牠也有不太喜歡的人。**
- **以為牠會挑食，但其實牠會吃其他東西。**
- **以為牠很笨，但其實牠很聰明。**（這是來到我這裡的飼主會異口同聲說的話。）

也許鳥寶的行為已經有透露出跡象，但人類先入為主的解釋，有可能會忽略、漏看。又或者會根據鳥寶的成長和年齡發生變化。

小莓這個案例不乏值得參考之處，首先，第一次出現的玩具或站棍要先隔著鳥籠拿給牠看。最好是循序漸進，等牠有興趣後自己湊近，看起來沒有問題才擺到鳥籠裡。這麼一來，我想鳥寶也能毫無負擔地做好接受的準備。

解決策略從行為模式著手

在第一次個別諮詢中，我觀察到了以下行為：

①不會馬上扔掉拔掉的羽毛，而是會叼在嘴裡又含又咬的。

②喜歡人的腳、鞋子和襪子。

③對食物沒有太大的執著。不知道牠最喜歡什麼。

④自飼主發現拔毛問題，鳥籠裡有好一段時間沒有任何玩具。

基於這些行為，我提供幾個建議和課題給飼主：

①可能是因為太無聊或嘴巴癢而叼著玩的。此外，如果牠啃咬的是羽軸，代表牠可能缺乏蛋白質。所以**要找到一個小莓愛玩的玩具，並把飲食換成可以補充蛋白質的內容。**

②**喜歡的東西**就是可以讓牠感到安心的東西。**可以把鳥寶最愛的毛巾或布垂掛在鳥籠外側的一部分上**，給牠一塊有遮蔽的空間，待在喜歡的東西旁邊也可以度過安心和平靜的時光。以小莓的情況來說就是襪子。

③**我建議飼主一點一點地嘗試各種食物**。就算牠最後都不肯吃，嘗試的過程同樣重要。站在鸚鵡的角度，會心生好奇「哇！碗裡裝了什麼奇怪的東西（＝食物）！哇～這個是什麼呀～？」只要有其他事分散注意力，牠就無暇玩弄羽毛。如果可以在嘗試的過程中發現鳥寶喜歡的東西，那更是一舉兩得！

④**建議從小莓平時會啃咬的東西發想**，如果有能夠當作玩具的東西的話，可以直接使用。如果不能當作玩具的話，就尋找類似的材質。

還有，可以讓牠做日光浴和洗浴。雖然說小莓不怎麼喜歡洗浴，但只要不是特別排斥，都有助轉換心情。

而飼主的課題是尋找小莓喜歡的食物，以及仔細觀察小莓的行為。家裡的東西中，小莓經常啃咬的東西或經常跑去的地方，可能隱藏著有用的提示。

沒有教不會的，只有被放棄的

大約一個半月後，飼主帶來了好消息和壞消息。

壞消息是，小莓會啃咬胸前的羽毛，嚴重到皮膚都裸露出來了。以前生長的羽毛還完好，啃咬的都是新長的，但咬勁沒有比之前更重。這讓飼主非常受挫，還說：「果然已經養成壞習慣，不管做什麼都沒救……」初步研判在嘗試過程中出現的免洗筷可能是原因。飼主當機立斷，馬上撤除了。正因訓練過程難免會有曲折，飼主的觀察和應對才更重要。

而好消息是，找到小莓喜歡的事物了，那就是咬手機的充電線。太好了！但也不能因為喜歡就把充電線當作玩具。就在煩惱著有沒有類似材質的時候，時隔兩個月第二次個別諮詢的日子就到了。

這一天的目標是：

- **嘗試類似充電線的材質**
- **繼續探索小莓喜歡的食物**

這是小莓第一次看見和牠愛咬的充電線類似的材質。因為不排除觸發小莓拔毛和咬毛的契機是新玩具，我教飼主花時間慢慢接近牠的方法。所以在諮詢室裡，我們都是脫了鞋坐在地板上，

這是因為小莓喜歡襪子，也喜歡在家裡的地板走來走去。現在，面對第一次見到的事物，如何解除牠的戒心呢？

- **讓牠看見飼主常常觸碰的樣子。**
- **和牠喜歡的其他東西擺在一起或同時讓牠看見。**

這次小莓第一次接觸的材質，我請飼主擺在自己的「腳」旁邊——讓牠安心的事物。飼主不論多盼望，都絕對不能拿著新玩具主動靠近，要保持耐心等待。等到鳥寶靠近以後，可以讓牠咬咬看或是稍微逗弄一下，激發出牠的好奇心。

小莓被飼主的腳吸引目光，一下子就走近了材料。那是市面上銷售的玩具中使用的細長塑膠繩，咬起來柔軟又充滿彈性的觸感近似充電線。這一天小莓沒有張口咬，我請飼主在家裡繼續嘗試。

至於「喜歡的食物」，我們決定嘗試一種用種子和滋養丸結合成類似米香餅的零食。不僅如此，我們還在飼料碗裡放入障礙物（不會誤食的小玩具），讓牠進食的時間久一些。

在移動範圍上展露的自信心

又過了三個星期。大約在這個時候，開始從小莓身上看見一些變化。

玩弄羽毛的痕跡還是有，但是和以前相比蓬鬆不少。這時牠會偶爾啃羽毛，但拔羽毛的行為明顯減少了。也願意吃米香餅這類零食，還會去以前從未去過的地方探險（坐墊），這是牠以前不曾做的事。

鸚鵡之所以固定待在一處，可能是因為只有那裡絕對安全。對牠們來說，要離開舒適圈、實踐「去別的地方看看吧」的念頭需要很大的勇氣，對個性膽小的鸚鵡尤其是。小莓情況顯然正愈趨轉好。

我也看見飼主掌握到訣竅，她開始思考很多事並積極地付諸實踐。尋找接近類似充電線材質的物品正是飼主的點子，她決定綁到手機上試試看。這麼做看起來又更像充電線，果不其然，小莓一口咬了上來。此外，她還把塑膠繩纏繞在自己常用的原子筆上，讓它看起來很熟悉。

小莓也像是被打開了開關，不只是吃完直徑將近一公分的米香餅，飼料碗裡的障礙物珠珠玩具也被扔開。牠很喜歡這玩具，經常用嘴把它滾來滾去的。牠叼在嘴裡玩的從羽毛換成珠珠玩具後，即便牠在梳理羽毛時有羽毛脫落，也會立刻扔掉。

有道是，以一知萬，觸類旁通。不管多麼微不足道的事，只要讓鳥寶感覺到「我克服了！」就會帶給牠自信。這一點充分地體現在小莓一連串的變化上。

訓練開啟人鳥之間的正向循環

有些膽小的鳥寶在放風期間也總是黏在飼主身邊，完全沒達到運動的效果。在這種情況下，我們往往先思考如何「讓牠玩」或「讓牠離開飼主身邊」，但也可以嘗試從乍看無關聯的問題著手，幫牠累積從解決課題上獲得的信心。例如，透過練習跳上料理秤、上手、下手，可以挑起牠的「玩耍」興致，甚至有可能「離開飼主」到各個地方探險。

改善咬人問題也是如此。雖然最終目標是「改善咬人行為」，但在學會在不咬人的狀態接過零食、練習轉圈，還有對玩具提起興趣後，「不知不覺中，牠就已經不再咬人了！」的情況也很常見。

只要方法正確，就會看到一些變化。這種變化會鼓舞飼主，更加投入與鳥寶一同變好的目標。其實我常常覺得接受訓練的人可能是飼主自己。這是個相得益彰的循環。

行為改善展開約五個月後，小莓的羽毛變得非常蓬鬆，甚至從牠的翅膀上找到以前沒看過的花紋（顏色）。

又過了半年左右，小莓許久沒有以前那樣玩弄、啃咬羽毛的行為，而且逐漸學會玩玩具了，於是個別諮詢順利結業。

我也請飼主今後持續探索小莓喜歡的食物或玩具。

這天，飼主用布包裹著小莓，告訴我：「我還發現其實牠很喜歡這樣！」被布包裹住的小莓不但不排斥，反而心情很好。我對這位飼主很放心，相信她今後也會持續有這樣的發現。

到星期一拔毛行為增加的原因是什麼？

在「結業」宣布的兩個星期後，剛完成健康檢查的小莓和飼主來到店裡。小莓精力充沛地在外出籠裡「啾啾啾啾～！」地笑（？）。當時，飼主告訴我：「放風時間比較長的時候，牠又會咬一下羽毛。」但飼主並沒有因為行為復發而驚慌。從她說「放風時間比較長的時候」就確信，她有準確掌握觀察要點，了解了原因。

「放風時間比較長」並不是出於印象，而是根據從諮詢以來累積的觀察紀錄。這就是為什麼她能注意到是放風時間長短的差異。

觀察紀錄不限定格式，只要飼主能沒有負擔的持續即可。記錄的方式很多種，可以寫在筆記本上，也可以輸入在手機的備忘錄應用程式裡。較重要的是內容，「精神很好」、「心情很差」這類含糊的描述請避免，而是要記錄「鳥寶在我（飼主）嘗試某些行為後的反應」，還有「我（飼主）回到家的時間」或「放風時間」等。尤其是對鳥寶出現變化的原因摸不著頭緒的時候，可以詳細地把所有事情記錄下來。小莓的飼主使用的是月誌行事曆。我的第一印象是非常容易閱讀。

關於放風時間的長度，在行為改善進行了四個月左右，飼主注意到了某種規律。那就是「週一拔毛行為相對較多」的現象。在我這裡的案例不少見，因為許多人到例假日放假都會拉長和鳥寶相處的時間（放風時間）。出於想多多陪伴鳥寶的好意，卻可能對鳥寶造成負擔。對於週末拉長放風時間、週一顧家的行程變化，牠們會「為什麼！」的滿腹疑問。或許在這樣一種壓力下造成牠拔掉更多羽毛。隨著週二、週三的到來，拔毛量慢慢減少，到收假的週一又爆發，陷入一個這樣的循環。人類認為合理的做法，對鳥寶而言或許難以理解。

休息日把放風時間稍微延長是沒有問題，但加長好幾個小時，就容易讓鳥寶混亂。多虧至今為止的觀察紀錄，飼主才能及早注意到這個「可能」並嘗試去改善。

小莓開始拔毛的起因是一個玩具。「把玩具放進鳥籠就會讓牠感到害怕，這一輩子都不要往鳥籠裡放玩具了……」剛開始前來諮詢的飼主似乎是這麼想的。但隨著一點一點拉近距離，找出了小莓的「雷點」。正為鳥寶行為傷腦筋的讀者，請不要拘泥於「鳥用玩具」的框架，在充分確保使用材質是安全的以後，再根據鳥寶現在的行為，給予適合的「玩具」。牠們平時肯定給了飼主很多提示。

坦白說，在告訴飼主可以從個別諮詢「結業」時，雖然很為他們高興，但另一方面也因為無法再見到面而感到寂寞。我會告訴飼主「如果又發生了什麼事情再過來吧」，但什麼事都不要發生是最好的。只是來醫院做健康檢查順便露個面，我也會很高興的。到時候，如果鳥寶和飼主看上去都神采奕奕，我身為訓練師，沒有比這個更讓我開心的事了。

本篇配方適合

・對鳥寶喜好不太清楚的人

拜託做成商品吧！

案例 10

當鳥寶醋桶打翻……

KYORO 非常喜歡太太，太太也是平時主要照顧牠的人。有一天，太太不得已得住院。站在 KYORO 的角度，最喜歡的人突然不見人影，只剩下牠不怎麼喜歡（抱歉）的先生……

KYORO 是不會理解「因為要住院所以暫時見不到面」這個理由的。期間改由先生照顧 KYORO。他總是一邊更換鋪在鳥籠下方的報紙，一邊忍受 KYORO 對著他的頭又啃又咬的。這情形持續到太太出院。

然而，情況並沒有回到太太住院前。KYORO 不但會咬原本最喜歡的太太，還開始拔毛、大聲呼叫……飼主認為必須做點什麼而前來諮詢。

KYORO的情況

（藍黃金剛鸚鵡）

家庭成員

KYORO（藍黃金剛鸚鵡・♂・當時4歲）
太太（照顧者）、先生
同住鳥7隻、同住狗4隻

與一段時間不見的飼主重逢，每隻鸚鵡的反應都不同，非常有意思。許多飼主會期待感人的場面，但鳥寶卻表現得很冷淡，頂多會回頭看飼主一眼，但卻完全不肯靠近。想讓牠上手時，還會發出威嚇的聲音。說不準牠是在表達「你之前都跑去哪裡了！居然丟下我一個人！哼！」鸚鵡是不可能會忘記牠的飼主的。再不得已的消失理由暫時都不是鳥寶能理解的，也是會生氣、鬧彆扭的。

這類揣測一多，往往使得我們忽視事情的本質。但不可否認的是，鳥寶的確是情感特別豐富的生物。

我初次見到時，KYORO是四歲。既處於心智成長期（第二次），也是成熟期，還要面臨換羽和發情，是很多問題要處理的年紀。再加上最愛的飼主不在身邊。很多事情疊加在一起。

無事來拔毛

碰上有拔毛問題的案例，我會請飼主先帶去醫院檢查有沒有身體方面的問題。KYORO接受了健康檢查，並沒有發現異狀。而醫院建議：「如果鸚鵡處於發情期，請撤掉所有可能用來築巢的玩具。」

此前太太就懷疑鳥寶脾氣暴躁是因為發情期，於是照院方的建議，把鳥籠周圍的所有紙板統統移走。這下子 KYORO 本來經常咬著玩的東西沒有，便開始啃咬自己的羽毛，這因果顯而易見。這提醒我們一個道理：如果禁止一件事，就要預料到會有其他事發生。

而另一個可能的原因是飼主與 KYORO 的互動方式。據說太太以往都會撫摸 KYORO 的全身。太太說，KYORO 的筋很硬（？），無法自己梳理尾羽新長出來的羽鞘，所以她會幫忙梳理開來。這樣的舉動是不是很像一對金剛鸚鵡在互相幫對方理毛呢？就算不是成對的鳥寶，幫對方理毛也是常見的事，但成對的鳥寶會在繁殖季節更密切地梳理羽毛。然後進入發情狀態。我想全身接收到的刺激促使了 KYORO 發情。發情通常會是拔毛的原因之一。

再加上 KYORO 一直以來都是接受這樣的對待，有可能誤把太太視為自己的「伴侶」。據說成對的鸚鵡非常重視與伴侶間的深厚情誼。所以，牠可能是將先生視為情敵，才對他充滿攻擊性。

嗯，好像一切都說得通了。基於這些前提，我提出以下改善對策：

- **讓牠可以玩玩具。**
- **不要摸他的全身（脖子以上可以）。**

同時，也**透過日光浴和洗浴讓羽毛保持在乾淨健康的狀態。**

比起長幼有序，更在意先來後到

對大型鳥類來說，破壞玩具簡直是日常工作，若總是買常見的鳥用玩具也會是一筆不小的開銷。所以我推薦大家可以到大賣場購買材料，自製ＤＩＹ鳥寶玩具。不僅可以配合鳥寶的喜好做調整，還很經濟實惠（好像不該由在寵物店裡工作的我來說這種話）。玩具的材料當然要選對鳥寶來說是安全的材料。

太太收集了紙箱、木片、鏈條、棉繩等 KYORO 喜歡的東西後，立刻動手做。據說這是她第一次自製玩具，心得是「其實還滿好玩的。」飼主也樂在其中。

此外，把鳥籠周圍的紙板復原後，KYORO 也咬得很開心。

想教會鳥寶玩玩具的話，可以把牠愛吃的食物藏進玩具裡。一開始牠們會為了得到喜歡的零食而直接摧毀玩具，不知不覺中牠們就會體會到啃咬的樂趣，最後就會懂得如何咬著玩具玩。

而像 KYORO 的情況，很難找出牠喜歡的食物。目前所知，最好的獎勵就是牠最喜歡的太太。因此，我請太太看見牠在玩玩具的時候，給予牠更多關注，並多對他說話：「你好棒～玩得很開心呢～」讓牠沉迷於破壞玩具上，轉移對自己羽毛的注意力。而牠對飼主的執著也減少了，成功改善了大聲呼叫的問題。

改善進行到第三個月，KYORO 不再咬人，由於改變太快，飼主甚至會擔心牠是不是身體哪裡不舒服。那些醒目的拔毛痕跡也在一次又一次的見面後越來越不明顯。

在玩玩具的時候可以受到飼主誇讚不停的關注，這也讓牠非常滿足。

類似的案例中，有飼主說：「因為一碰牠就會舉起翅膀討摸啊……」而這段期間，KYORO 的飼主嚴守絕對不能觸摸脖子以下的規定。

至今為止常常被摸個不停的鳥寶記住這是舒服的事。但是舒服、開心的事，不一定會對身體有益。如果對身體的刺激促進了發情，並持續一整年，會對鳥寶的身體造成很大的負擔。凡是飼主都會想讓鳥寶開心，但如果在仔細思考一番後「怎麼想都不是好事！」就要狠下心來停止。只要找出其他會讓鳥寶覺得開心、好玩的事情就可以了。

不只是這樣，觀察的結果還表明，鳥寶處於煩躁的時候常會玩弄羽毛。那麼 KYORO 什麼時候會感到煩躁呢？當太太和其他鳥或狗玩得很開心時（哪怕是再單純的互動）。因為生氣暴躁而去咬人、啃羽毛的行為會越來越多。於是我請飼主重新考量一下照顧同住動物的順序。

為了不讓住得較久的鳥寶因為突然的環境變化而感受到壓力，一般建議是優先照顧最年長的鳥寶。不過其實一邊觀察鳥寶們的情況，靈活地調整順序也可以。

KYORO 在同住的鳥寶中是最後來到這個家的，所以至今照顧的順序是最後一個。於是，我請飼主參考以下調整方式。

①如果最資深的剛果灰鸚鵡可以接受，就把照顧 KYORO 的順序移到第一個。

②如果無法前移，那麼每照顧完一隻鳥寶，就跟 KYORO 互動，比如說說話，或撓癢癢、餵零食。接著照顧完另一隻鳥寶後，就再去跟 KYORO 說說話。

方法②會加長照顧鳥寶的時間，所以我留給飼主自己判斷。不管我們再怎麼為鳥寶設想，都要力所能及。所以在嘗試任何改變前，請考量「是否有負擔」，以及今後是否能一直持續下去。

七個月後，KYORO 的羽毛變得很有光澤，對照以前的照片簡直像是完全不同的另一隻鳥。不只是拔毛，咬人、大聲呼叫、獨愛一人的問題全部得到了改善。

頭兩～三個月真的是很艱難的時期，有今天的成果都要歸功於飼主不放棄。另外，雖然飼主提出的期望包含「想要改善 KYORO 獨愛一人的情況」，但其實 KYORO 並沒有這個問題。牠似乎是將太太排在第一名，先生排在第二名。鸚鵡心中通常都有一個排行榜。

此外，比起以前 KYORO 能做到越來越多事情了。

- **時隔兩年左右，牠終於願意從外出籠跳到太太的手上了！**
- **從自己的鳥籠也能很順利地上手了！**
- **接到家裡的第三年，KYORO 總算願意站在先生的手臂上讓他搔癢了。**
- **牠也願意跳到陌生人的手上了！**
- **牠會飛行了！**

飼主夫妻倆異口同聲地說，以前從來沒想過 KYORO 可以做到這些事。他們始終相信我一開始說的「鳥寶一定會改變的」，還熬過了訓練效果時好時壞的時期。KYORO 和飼主也再次教會了我，只要用適當的方法進行溝通，再以適當的方式去互動，鳥寶就會改變。

大型鳥類的壽命特別長。只要活得夠久，總是會遇到許多不同的情況，也有機率生病或受傷而住院，未必能陪著飼

主走完這趟人生。因此我們人類「現在」盡自己所能，給予最大限度的體貼和善盡責任，就更為重要。

飼主在經歷一次住院帶來的影響中體悟到「再這樣下去不行！」對太太來說，現在能做到的最大限度的體貼和責任，就是讓KYORO（在不咬人的狀態下）熟悉各式各樣的人。

如果只是因為「可是我家的鳥寶很怕生」就選擇放棄，一切就結束了。至今為止遇見的許多鳥寶讓我知道，鳥寶擁有無限的可能性。我也遇過許多發出豪語的飼主：「我家的鳥寶絕對不會玩玩具的！我太了解牠了。或許牠會成為妳的第一個失敗經歷呢。」這番話點燃了我身為訓練師的精神，我努力抑制住了想要反駁的心情，秉持著「百聞不如一見」的心情，經過了一個月左右的努力後，顛覆了飼主的預期結果。

是要抹煞還是拓展鳥寶的無限可能性，完全取決於飼主。不要斷定本性難移而輕易放棄，以不會造成負擔的步調一步一步拓展牠的可能性就好了。

就算不是第一名？

馬麻誤會了……
馬麻對我來說很重要，
但並不是唯一的人。
簡單來說，她是「想待在一起的人」排行榜中名次最高的人！
這個排名是會變動的
No.1
馬麻
從缺
從缺
從缺
從缺
最近其他人的名次正在上升！
原來有很多好人♡
也喜歡把拔♡
No.1
馬麻
把拔
寵物店大姐
訓練師
鄰居

本篇配方適合

- 鳥寶心中有排名且極為懸殊的家庭

案例 11

久久無法從地震驚嚇中恢復的鳥寶

根據飼主的說法，提姆那灰鸚鵡小V開始啄羽的原因是二〇一一年三月十一日發生的東日本大地震。環境沒有其他變化，但就是從這一天開始的，所以這件事必定就是原因了。

對於巨大的震動，人即便處於緊繃狀態也能理解「這是一場地震」；但鳥寶不曉得原因就會產生恐懼。我想這對牠造成深刻的影響，每一天，不，每一分、每一秒牠都在想著：「搞不好還有下次！好可怕！」

飼主總是不斷地告訴牠：「沒事的，別害怕。」遺憾的是，牠無法擺脫這種恐懼和焦慮，這三年來牠的啄羽問題一直持續著。飼主於是帶著牠前來個別諮詢，開

小V的情況

（提姆那灰鸚鵡）

家庭成員

小V（提姆那灰鸚鵡・♀・當時4歲）
太太（照顧者）、先生
同住鳥數隻

始採取改善措施。不安和恐懼帶來的壓力，引發鳥寶做自我刺激行為，牠從中獲得安全感與快樂，而變成習慣。當我在思考要如何擺脫這種困境時，認為「唯一的方法就是建立自信」。

在這之前，小V是不太玩玩具的，我想可以透過玩玩具達到以下效果：

- **「我碰到一個新玩具！咬起來很好玩！」透過這種克服經驗帶給牠信心。**
- **與其無所事事，不如沉迷於玩具，讓牠無暇想起過去的心理創傷。**
- **把對「傷害自己的身體」的興致轉移到「玩具」上，傷口就會癒合。**

這裡寫的是「玩具」，只要是能咬的東西都可以。那麼，小V會喜歡咬什麼？從這裡開始，我和飼主一起尋找。

一個月後，還在持續摸索適合的玩具。啄羽的傷口沒什麼變化。然而，有一件令人擔憂的事。飼主所居住的公寓將在未來三個月進行施工。可能會發出很大的噪音，窗外也許會倒映出人影。我只能祈禱直到施工結束，傷口不要變得太嚴重。

小V在兩個月後前來個別諮詢。施工的影響從牠露出的胸口皮膚可看出。牠好像不喜歡施工的聲音。飼主試圖把鳥籠的位置往高一點的地方放——對某些鳥寶有平靜的效果，但只是改變鳥籠的高度並不足以緩解小V的情緒。

但也是有好消息的。那就是飼主發現牠最喜歡咬的東西是衛生紙盒！我們進一步探究，吸引小V的是紙張厚度，還是盒子的形狀？於是我取來裝陶瓷碗盤的小紙盒讓飼主試驗。三個月後是第三次的個別諮詢。飼主向我回報，小V似乎喜歡裝零食的小盒子的材質。傷口依舊沒什麼變化。

到了第四個月，總算是等到牠迷上了裝碗盤的空盒子！每次個別諮詢，把預留起來的空盒子交給飼主是值得的。來吧！小V，盡情玩吧！

結痂期要讓鳥寶轉移注意力

第五個月，空盒子的魅力不減。幸虧如此，傷口開始變小，慢慢結痂。然而傷口即將癒合的「結痂期」是最大的難關。鸚鵡和人一樣，結痂時會一直發癢，也會在意得不得了。也就是說，這是一個惡性循環：因為很在意就用嘴巴觸碰→瘡痂脫落又形成傷口。因為沒有戴防咬頸圈，牠總是會忍不住用嘴巴觸碰。飼主試過向牠傳達「不可以玩痂」也行不通，覺得無助。我要求飼主在結痂期盡量不要讓小V洗浴。因為硬皮變得溼溼軟軟的會更在意。結果好像不管是乾的還是溼的，會癢就是會癢！

第六個月，這樣的循環依舊持續。這時發現牠很喜歡網購的紙箱，於是飼主立刻跑去線上購物。小V對於其他紙箱就興致缺缺，看來牠對紙箱也是很講究的。

此外，也讓小V挑戰了覓食玩具。根據飼主的說法，小V對於食物並沒有那麼執著，所以她有點擔心會不會變成「這個吃起來好不方便，不吃了！」也很擔心牠會出於害怕而更常啄羽。會這麼想也是無可厚非的。而且覓食玩具也不便宜，要是小V完全不肯用那就虧大了。

從空盒子到咬紙箱，小V現在會做她以前從未做過的事了，任何改變都必須嘗試來探知牠的意願。於是，我請飼主以租賃的方式試用看看覓食玩具。這種玩具要轉一轉才能取得內容物。整體是透明的，還看得見裡面有什麼，相對簡單、接受度較高。

第七個月，想、想不到！小V居然攻略了覓食玩具！我們還讓牠嘗試另一種水平旋轉的類型，而且四個容器的蓋子要用不同方式打開。此時雖然傷口沒有擴大，但牠仍未擺脫結痂期。

第九個月，傷口的情況看起來還不錯，所以決定讓牠嘗試飛行練習。水平旋轉的覓食玩具已經成為例行工作，小V也非常喜歡。果然要試過才知道。

自個別諮詢開始以來，已經過去了十一個月。據說小V對紙箱的沉迷仍在持續，把雜誌放進紙箱裡，牠也一樣會咬著玩。牠

自己玩的時間越來越長了，在紙箱裡玩得正開心的時候，想跟牠說話，牠還會露出「幹嘛～別打擾我～」的眼神，飼主也只能苦笑了。

只有在「這時候」不會拔毛的原因

在無法克服結痂期而苦惱不已的時候，我從與飼主的閒聊得到啟發。那回我無意間得知「小V在寵物旅館寄宿過」。牠至今也會去那裏寄宿，對老闆也非常熟悉。飼主回想：「在住宿期間牠就不會咬傷口呢～」我想，改變環境也許可以改善情況。

這不是我第一回碰上「寄宿在寵物旅館的時候不會拔毛，但在家裡就會拔毛」的鸚鵡，必定有什麼緣由。也就是說：

- **醫院的寵物旅館：陌生的地方、陌生的人（獸醫或護理師）、陌生的聲音（其他鳥寶的聲音）讓牠處於緊張狀態。沒有閒情逸致拔毛。**
- **家裡：安心的地方、不緊張、有餘裕拔毛（或許是因為太閒才玩羽毛）。**

我相信環境會產生適當的緊張感，如果長時間處於緊張狀態的話，別說拔毛了，甚至會引起身體不適。而如果過幾天就能適度放鬆，那麼其他鳥寶的聲音就不一定會引發緊張，鳥寶會想也看不見牠們就算了。

如果能在結痂期給予小Ｖ一些緊張感的話，看看會發生什麼事情，於是我建議在這個時期送小Ｖ去寄宿。希望牠能再邁出一步，直到傷口完全癒合。

當努力逐漸有了回報，小Ｖ的飼主說了：「我很慶幸自己沒有放棄」，鳥寶有多大可能性取決於飼主。和鳥寶一起生活的過程中，可能會遇到各式各樣的場面，我覺得「不放棄」是很重要的。鳥寶的可能性是無窮無盡的。

鳥生大小事

本篇配方適合

- 啄羽的傷口時好時壞的鳥寶

總結

沒有改善行動會是徒勞無功的

再次說明，拔毛症指的是透過拔毛或咬毛來傷害自身羽毛的行為。而啄羽症指的是咬傷自己的身體（尤其是皮膚）的行為。

「拔毛症」和「啄羽症」裡都有個「症」，不過它們實際上屬於行為障礙（因不合情理的不恰當行動，而對他人或自己有害的行為）。換句話說，既然是一種行為，必定會有契機或原因。麻煩的是，即便知道了原因，仍有可能在排除掉原因後仍不見改善。

飼主最初發現「難道是在拔毛嗎！」，請避免做這幾件事情：

① 注意掉落的羽毛

② 在鳥寶面前撿起掉落的羽毛

③ 猜想牠在拔毛的時候向牠說話、靠近牠身邊

哪怕只有一次，看見鳥寶叼著偶爾掉下來的羽毛，就馬上跑到牠身邊問：「怎麼回事？該不會是你自己拔下來的吧！」可能反倒使牠理解成「哦！叼著羽毛就可以了嗎？」

那麼，為什麼在鸚鵡梳理羽毛時要避免靠近牠？因為可能令牠產生連結：

梳理羽毛會引起飼主的反應→再多做幾次→從梳理羽毛發展成拔羽毛、咬羽毛……請用眼角觀察牠就ＯＫ了。重要的是不要讓牠在早期階段養成習慣。

如果你懷疑是拔毛或啄羽的問題，請帶牠去做健康檢查，看看身體裡是否隱藏著什麼原因，常見的有感染／代謝紊亂／肝臟疾病／內分泌失常／腫瘤／誤食／寄生蟲等等。如果「醫療」項目沒有異常，就會判斷很有可能是「非醫療」因素造成的。

此外，也有可能只是單純的換羽。

如果時間點和過去換羽的時期重疊（每一年的換羽時間可能不同），並且抖動身體或拍動翅膀時，就會有大大小小的羽毛自然掉落，就可以判斷是在換羽。拔毛行為是鳥寶自己拔掉羽毛的，所以在羽毛脫落（拔掉）的瞬間會發出叫聲，或者掉落的羽毛的羽軸上會沾有血。

既不是生病也不是換羽的話，那就要針對拔毛和啄羽的問題行為進行改善。但這類習慣不是一朝一夕就能改善的，而且還有可能飼主無法完全實現所期望的目標。即便如此，也有方法可以避免鳥寶傷害自己。希望大家讓鳥寶知道更多除玩弄羽毛之外開心、好玩的事，帶著牠不斷摸索、嘗試各種事物。

如果最終改善不了，也不會是前功盡棄。我見過不少案例，雖然鳥寶還是得戴著防咬頸圈，成效也不盡相同，但鳥寶比以前更開心生活，飼主看牠這樣，心情也開朗許多。鳥寶是可以察覺飼主的心情的。與鳥寶快快樂樂地生活在一起是飼主共通的目標，在參考其他案例研究時，不如把這種「相互作用」視為目標。

在案例研究中，雖然有拔毛和啄羽行為都有所改善的案例，但也有鳥寶一年到頭反覆出現這種情況。顯然不明原因會使飼主越來越焦慮，不斷想著「怎麼會變這樣？」、「為什麼？是我害的嗎？」，連帶造成鳥寶也不開心的惡性循環。拔毛和啄羽的改善計畫視情況不同，觀察期可能會拉長到以一年為單位。這種觀察有助於了解鳥寶的行為傾向，我會建議先從做得到的事情嘗試。初期的最低目標是「維持現狀」。從這一點開始一步一步拉高門檻。

在會拔毛和啄羽的鳥寶中，也有鳥寶是非常敏感的。也可以說這就是牠們會拔毛和啄羽的原因。儘管如此，如果不打破現狀——試著改變環境或教會牠們新的行為，問題行為就很難得到改善。能否讓改善計畫持續下去，仰賴謹慎的規畫。別一開始把門檻訂太高，可參考下頁的「評估重點」，一點一點地循序漸進。

如果不是要吸引飼主的注意力，也不是生病或換羽的情況的話，那就要考慮「其他因素」了。請確認以下的「非醫療」檢查項目，一邊逐步嘗試。

【改善拔毛和啄羽時的評估重點】

＊一一檢查＊

1 飲食是否合適？
2 是否有任何慢性壓力或焦慮因素？
3 發情狀態是否在持續中？
4 是否有培養出自己玩耍的技能？（沒有的話，是否導致一天之中常常無事可做？）
5 是否很依賴飼主？
6 是否有充足的洗浴機會？
7 是否有充分休息？
8 運動量是否足夠？
9 是否有充足的學習機會或選擇機會？
10 是否缺乏覓食的機會？（是否欠缺發現樂趣的機會？）
11 是否有充足的新鮮空氣和日光浴？
12 羽毛上是否沾染上外部因素？（比如家裡有人抽菸等等）

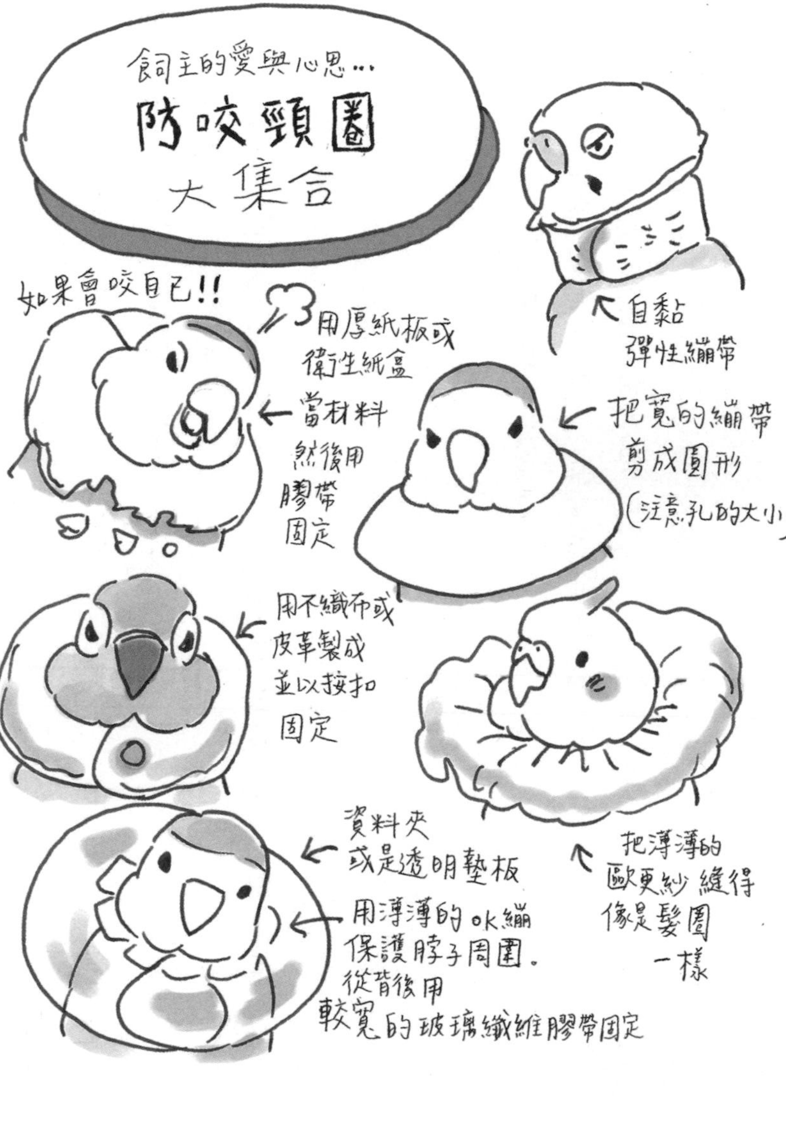
飼主的愛與心思…
防咬頸圈
大集合
如果會咬自己!!
用厚紙板或
衛生紙盒
當材料
然後用
膠帶
固定
自黏
彈性繃帶
把寬的繃帶
剪成圓形
(注意孔的大小)
用不織布或
皮革製成
並以按扣
固定
把薄薄的
歐更紗縫得
像是髮圈
一樣
資料夾
或是透明墊板
用薄薄的OK繃
保護脖子周圍。
從背後用
較寬的玻璃纖維膠帶固定

※請在諮詢醫院過後選擇最適合自家鳥寶的防咬頸圈。

鳥寶的壓力與拔毛的關聯

橫濱小鳥醫院院長　海老澤和莊

拔毛是寵物鳥常見的異常行為之一。異常行為是指生活在自然中的野生動物中絕對看不到的奇怪行徑。不光是鳥類，常作為寵物飼養的狗、貓、兔子，也會一直舔拭身體的部位直到發炎為止。此外，動物園裡的動物們會重複相同的動作，在同一個地方進行來回走動或左右搖晃脖子等常態行為，也是因為對於某種行為的欲望沒被滿足，所以被轉化成其他行為。

這些異常行為是動物們的壓力指標。如果鳥寶在拔自己的羽毛，那就代表牠壓力很大，處於很不舒服的狀態。

本來的行為欲望沒有被滿足就引發壓力。那麼，鳥寶會有什麼樣的欲望呢？

要想了解鳥寶的欲望，就要先了解鳥類的生存目的和目標。這是所有生物共有的：生命的目的就是「繁殖」。而為了繁殖努力「生存」就是生命的目標了。寵物鳥與在野生環境生存時的欲望並無不同，我將介紹四個鳥類需求。

① 生理需求

生理需求包括食欲和睡眠。在人類社會，牠們不需要為了生存而努力。但原本食物該是自己尋覓的東西，牠本該為了尋找食物飛來飛去、四處尋找、花費心力。於是飛去尋找食物的覓食時間就空了出來，所以牠們必須度過漫長的無聊時光。請試著代入這樣的情境中。能夠離開房間的時間被嚴格管理，一天大部分時間都閒著沒事做，你能過這樣的生活嗎？活動受限和無聊會給生物帶來很大的壓力。

至於睡眠欲望，無法斷定寵物鳥是不是像人類一樣需要連續的睡眠，所以很難判斷這個需求有沒有得到滿足。鳥類的睡眠是由內分泌的晝夜節律決定的，並不僅僅是對外部刺激（例如黑暗的環境）的同步。每天的睡眠時間、起床時間和就寢時間的紊亂會破壞自主神經系統的平衡，從而導致對壓力的耐受力下降。

② 安全需求

滿足鳥類安全需求的最大條件就是形成群體。當你成為群體中的一部分，被掠食者盯上的可能性就會降低，我們稱為「稀釋效應」。交換食物所在地的資訊也是形成群體的主因。

被人類飼養的鳥類會將家庭成員和其他鳥類視為群體的一部分。如果群體成員的數量很少，看不到飼主的身影就會越容易讓牠感到不安。大聲呼叫就是牠迫切想要回到群體裡的表

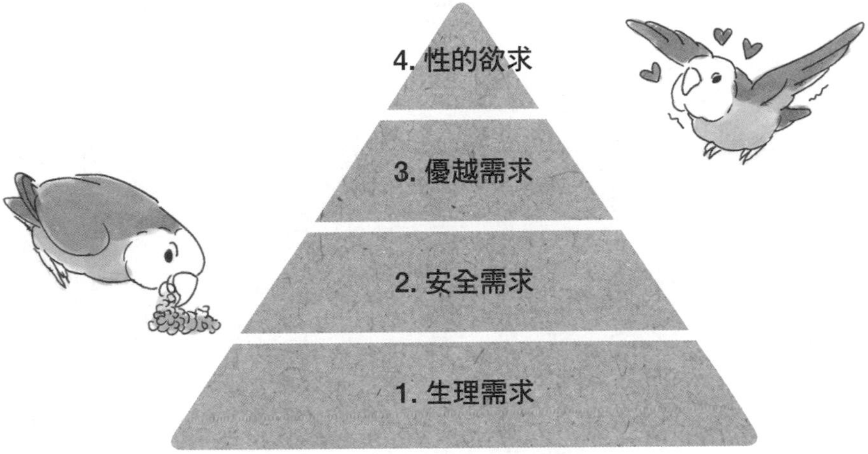
4. 性的欲求
3. 優越需求
2. 安全需求
1. 生理需求

鳥類需求四層次理論

現，表示牠處於不安中。以人類比喻就是無依無靠。此外，在群體中與眾多同伴進行交流的利社會行為也是非常重要的。和同伴的互動可以保持心靈的穩定性。

③優越需求

所有生物為了留下具有更強基因的後代，都會有追求優越的需求。比其他個體優越，才能優先獲得食物、伴侶、巢穴和安全的睡眠場所。寵物鳥的優越需求，具體會表現在攝取食物、或取悅人類時，試圖排除其他鳥類或人類。在鳥籠裡時沒機會做這種排除行為會感受到壓力。

④性需求

①的生理需求得到滿足時，就會出現性

需求。野生的玄鳳鸚鵡除了一年兩次的發情期外，只要下大雨也隨時在繁殖。這是因為大雨過後食物會生長，可以確保有足夠的食物來餵養幼鳥。由於寵物鳥擁有充足的食物，所以牠們不分季節都會產生性需求。如果具備了適當的繁殖條件，但性需求卻得不到滿足，就會成為壓力的來源。

由此看來，為了抑制鳥寶的性需求，也就是發情，需要營造出一個不符合繁殖條件的環境。第一件事就是調整食量。

為什麼一有壓力就拔毛呢？

為什麼鳥寶會在感到壓力時拔毛呢？

這種行為被認為是一種自我刺激行為。我們人類在壓力大時，會變得很煩躁，向他人宣洩不滿、暴飲暴食、喝酒、抽菸或出去玩等等。這些行為會觸發大腦分泌多巴胺，其次是內啡肽。多巴胺會產生愉悅感，內啡肽會增加幸福感，從而緩解壓力。這些行為都是自我刺激行為，過度就會對自己造成傷害。

壓力大的鳥寶同樣有自我刺激行為，包括玩耍、破壞行為、尖叫、暴飲暴食、過量飲水、過度梳理羽毛、拔毛和啄羽。其中最有害的就是拔毛和啄羽。當牠因為拔毛和啄羽感到疼痛時，大腦就會大量分泌多巴胺和內啡肽來緩解煩躁。如果沒有處理壓力成因，這些行為就會反覆持續。最終，當體內對內啡肽的耐受性提高，如果不更常拔毛或啄羽就無法緩解壓力，演變成成癮。這是一種加強了自我刺激——獎勵系統的狀態，因此需要時間來改善行為。

換句話說，戴防咬頸圈這類純粹改善行為的對策是不夠的，頂多防止鳥寶拉扯羽毛而已。而鳥寶一旦被阻止自我刺激行為（拔毛），會很難保持精神狀態穩定。所以解決之道是替代行為，讓牠做出接近野外生存的事情，像是自由飛行、尋找食物、玩玩具、與同伴或人類交流等等。

訓練不順利的時候……

這些「小事」都有可能是訓練不順遂的原因：

鳥寶吃飽了：

以「食物」作為訓練的獎勵，鳥寶吃飽時效果自然就不太好。同樣，如果鳥寶對於「獎勵」的反應很不積極，代表這個獎勵對鳥寶來說沒有價值（低價值），可能是因為隨時可以獲得。每次表揚牠的食物大小必須是一口大小，這是不變的鐵律。

飼主積極過頭：

當你越努力，就會離目標越近。但如果飼主表現得太過拚命，失去了「樂趣」，反而會讓你離目標越來越遠。即使不是固定的時間，例如，每次接近鳥籠時嘗試個一、兩次，這樣也是能接近目標的。

飼主想訓練到鳥寶膩了為止：

看到鳥寶反應良好，飼主也會更投入，但訓練必須在鳥寶厭倦之前提早結束。這也是連接到下一步的訣竅。也不用特別告訴鳥寶「要是做得到就可以結束了」，因為做不到而沒有得到獎勵時，鳥寶就會動動腦筋去思考「為什麼沒有給我獎勵？」。

鳥寶逃往高處：

如果在和鳥寶充分建立信任關係之前，就任牠在大房間裡放風的話，牠有可能會飛到高處，而且主人呼叫也沒法讓牠下來。最好從浴室這類狹窄的空間開始比較好。

鳥寶不知道怎麼回鳥籠：

第一次放風的時候，有些鳥寶可能也不知道怎麼回到鳥籠裡。這時在鳥籠的門口附近放置獎勵，牠就能更順利地回去。

傷腦筋三

獨愛一人

被愛著是好事，
但若沒有跟其他人建立關係，
要是哪天自己出了什麼事，
牠的身體就可能會出狀況，令人掛心。

案例 ⓬

獨愛與偏愛是不一樣的

利可波的飼主是一名犬類訓練師。有些人會認為，訓練不同動物的能力是相通的，顯然這並非事實。我遇過很多飼主表示，訓練狗狗沒有問題，但訓練鳥寶卻是困難重重。同樣是基於應用行為分析的「透過表揚激發成長」、「正增強」的做法，為什麼卻不順利？

我請教了一名犬類訓練師，對方認為訓練效果差異，可能要從鳥寶與人類之間的關係來探討。人與狗狗是主從關係，但人與鳥寶是平等的。對方還說，鳥寶不如狗狗有耐心。我沒有犬類訓練的經驗，不過綜上所述，就算可以訓練狗狗，也不意味著可以成功訓練鳥寶。但反過來說，如果有辦法訓練鳥寶，再來訓練狗狗

利可波的情況

（紅肩金剛鸚鵡）

家庭成員

利可波（紅肩金剛鸚鵡・♂・當時1歲）
女兒（照顧者）、爸爸、媽媽
同住狗1隻

會容易許多。

好惡分明且專情的代表生物

前來個別諮詢的飼主當中，有很多想改善鳥寶「獨愛一人」問題的，但通常是出於諮詢者個人的認知，反而家中其他人還會說「牠很喜歡你呀」。就我當訓練師的經驗而言，是特定的人成為第一後，拉大了第一和第二之間的差距而已。

就像愛咬人的就是會咬人、愛拔毛的就是會拔毛一樣，其實鳥寶「獨愛一人」缺少一個明確的定義或行為。以下是我認為的「獨愛一人」會出現的行為：

- **只有面對獨愛的人才願意做出上手，或停在肩膀上的行為。**
- **獨愛的人不在身邊就會沒有食欲。**
- **除了獨愛的人以外，面對他人具有攻擊性。**

在這些情況下，可以認為是有「獨愛一人」的問題。

至於「願不願意給人撓癢」則純屬鳥寶的個人喜好，就像狗狗不用特別認定老大也會自然而然出現排序一樣。有趣的是，鸚鵡心中的排名跟「會不會照顧我」、「會不會陪我玩」，還有由誰倒飼料和換水，沒有明顯關聯。我見過不少鸚鵡會最黏那個最少來跟自己互動的人，這種情況只能說是單純合得來或喜好問題。

相對的，牠們在判定與表現「我討厭這個人！」就非常明確，一旦認定「做了我不喜歡的事！」，就會將其踢出排名。而且人類也許對自己做過令牠們不愉快的事沒印象。比方說，有一位飼主曾經穿過印有大片圖案的T恤，（事後才知道）那個圖案對鳥寶來說非常可怕，從那之後，就算飼主不再穿那件，鳥寶也不願意親近他，一伸手還會被威嚇。

回到利可波的情形，牠獨愛的對象是爸爸。牠對爸爸的喜歡顯而易見，在諮詢室裡，從外出籠出來也是馬上飛去停在爸爸的肩上。這位爸爸說話的語氣十分沉穩。嗯嗯，原來如此。而爸爸是家裡唯一的男性成員，我猜想利可波是偏好人類男生。我在談話過程中觀察利可波和每個家人的相處方式發現，利可波其實也會停在爸爸以外的人的手上或肩膀上，差別在於牠會咬爸爸以外的人。仔細詢問具體情況後，發現利可波通常在某些情緒下咬人：

①停在爸爸的肩膀上時，別人一伸手就會咬。
②停在爸爸肩膀以外的部位，例如手臂上時，別人伸手也不會咬對方。
③待在其他地方的時候也不會咬人。
④停在女兒或媽媽的肩膀上時，要是伸手想讓牠下來，牠不只會咬人，還會咬臉。

⑤要給牠獎勵時會咬人。

綜觀上述，無論牠停在誰的肩膀上時，只要有人伸手，牠就會咬人。既然如此，那就盡量不要伸手碰牠，而是等到牠主動移動到肩膀以外的地方後，再讓牠上手。

接著再讓利可波進行聽見「過來」就從肩膀移動到手臂上的訓練。因為牠最喜歡的杏仁發揮了獎勵作用，所以當天在個別諮詢室就掌握了這個動作。關鍵在於獎勵的大小，以及展示獎勵的位置。

獎勵的大小：

這次把杏仁壓碎成幾毫米的小塊，大約是利可波的鼻孔大小。這是一次一顆的獎勵。

展示獎勵的位置：

如果獎勵擺在鳥寶難以看清是什麼的地方，牠也就不會願意移

動。所以先從很小的障礙開始一點一點地嘗試，讓牠了解到配合「過來」的聲音移動的話，就有好康的！讓學習更容易。

獎勵效果取決於怎麼給

如果飼主太心急，每當鳥寶張嘴要叼走在肩膀上看到的獎勵，就把獎勵拿得更遠，誘導牠再往前走。幾次反覆下來，可能造成反效果，鳥寶就會不再對獎勵產生反應。因此，在說「過來」的同時展示獎勵，手就不能動。這時就算覺得距離好像太近，也請在原本的位置上給予獎勵就可以了。但如果是因為距離太遠，鳥寶沒有反應的話，就降低門檻，稍微靠近一些。

利可波像這樣訓練幾次後，就學會了。待在手臂上的時候，牠也會很溫順地跳到別人身上。

個別諮詢結束時，利可波看起來非常睏，女兒表示：「至今都沒有給牠動腦筋的機會，所以牠好像累壞了。」

在訓練過程我親眼看見④**「停在女兒或媽媽的肩膀上時，會咬人的臉」**的情況，而我也看出利可波會咬爸爸以外的家人的原因。

當利可波在學習從肩膀移動到手臂上，女兒對著牠說：「你好棒～做得很好～」就在這個時候，她的臉被咬了一口。還有當她對著走在桌子上的利可波伸出手，也被咬了，一邊喊痛卻又抽不回手，只好就那樣被咬著好一會兒。

利可波應該是不喜歡黏人的個性。當然，女兒想表揚利可波、跟牠搭話也是好事，但如果超過牠能忍受的程度時，牠就會用咬人來表示「夠了！好煩！」和「快停止！」，在我這個訓練師看來，也覺得女兒表揚得太久了。

最初利可波走在桌子上的時候咬人，可能是根據以往的經驗和成果。而當手並沒有像牠預期的那樣縮回去，才讓牠產生「試試咬大力一點也許能讓她明白」的想法。再加上女兒喊痛的過度反應並沒有把「別咬了」正確傳達給利可波，反而使牠記住了「這個人（＝女兒）可以咬」。

常被咬就別忍受。盡量打造出不會被咬的情境最為理想。當下你不要做出任何反應，並且立刻把手收回來。同時，如果沒有咬人就給予獎勵，藉此來提升不咬人的發生率。

接著是**⑤「要給牠獎勵時會咬人」**的情況，我看女兒在給予獎勵的方式都是直接往利可波的嘴裡塞。我請她改成把獎勵放在利可波稍微動一動嘴就可以吃到的位置，咬人行為就減少了。在改善⑤時，與其說是訓練利可波，更像是在訓練飼主。

令我印象深刻的是，這家人對利可波說「以前都沒有好好表揚你吧，對不起呀。」第一次的個別諮詢告一段落。

兩個月後見到的利可波截然不同，飼主的實踐成果不在話下。利可波一聽見「過來」，就從爸爸的肩膀移動到手臂，再跳到女兒身上！當然也沒有咬她。女兒從諮詢後就留意不要讓利可波覺得「煩人」，也不要一激動就想朝牠伸出手，之後就沒有被咬了。

僅僅經過兩次個別諮詢，（飼主誤以為的）利可波獨愛一人的問題就順利解決了。在這之後，為了和利可波建立更親密的關係，飼主一家人仍會前來進行個別諮詢。利可波還是很喜歡爸爸，但知道牠一樣喜歡著其他家人時，大家也更加疼愛牠了。

相信讀者也發現，利可波其實並沒有獨愛一人的問題，我想介紹一下如何接近處於獨愛一人狀態的鳥寶的基本方法。當然也可以運用於第一和第二以下有所差距的家庭。

【基礎1】

會讓鳥寶開心的事讓非獨愛對象來做

主要照顧者不一定會成為鳥寶獨愛對象。但只要牠有特別喜愛的食物或玩具，就有辦法提升鸚鵡對你的好感度。

那個牠最愛的食物，只能由非獨愛對象來餵，要親手餵給牠吃，或是在牠面前放進飼料碗裡，明確地讓牠知道「你最愛的食物是我餵的」。而獨愛的那個人依然可以餵牠別種零食。藉此讓牠理解「只有這個人會給我最愛的食物」，這麼做你的好感度就會一下子上升了。

【基礎2】
會讓鳥寶不開心的事，由被獨愛的人去做

不喜歡的事，就讓牠獨愛的人來做，例如剪指甲。如果由別人做這件事，鳥寶就會認為「都是你害的！」而在心裡扣分，所以這個角色就由獨愛對象來擔任。但不管再怎麼被鳥寶獨愛，做了牠不想做的事還是會被討厭吧！大可放心，排名最高的人，只要沒有做出非常過分的事，排名是不會輕易往下掉的。另外做完牠不喜歡的事情後，記得給予獎勵——注意這個不能是「最愛的食物」。

喜好各有不同

本篇配方適合

- 明明是在表揚鳥寶卻被咬的人
- 鳥寶心中有排名且差距極大的家庭

案例 13

飼主不應是鳥寶的全世界

我總覺得鳥寶和飼主之間就像是一面鏡子。經常聽人說，狗會越來越像飼主（反過來也是？）但以鳥寶的情況來說，與其說像不像，倒不如說牠們會不分好壞地接收飼主的所有情緒。

橘子是一隻玄鳳鸚鵡，是個十二歲的男孩子。因啄羽問題而來諮詢，但追根究柢後發現原因似乎和牠獨愛一人的情形有關。

橘子和媽媽生活在一起。媽媽已經七十多歲了，但女兒沒有跟媽媽住在一起。當初會把橘子接回家裡，也是希望讓媽媽有個聊天的伴。媽媽很少出門，所以橘子每天都和她形影不離，平時很少待在鳥籠裡，除了媽媽

橘子的情況

（玄鳳鸚鵡）

家庭成員

橘子（玄鳳鸚鵡・♂・當時12歲）

媽媽（照顧者）、女兒（諮詢者）

外出時——這樣的生活維持十幾年。

然後，有一天，媽媽決定要搬家了。為了尋找新住處忙得不可開交，偶爾待在家裡也是埋頭於房屋資訊。這些改變對橘子來說有如翻天覆地。某天媽媽在鳥籠裡發現渾身是血的橘子，她驚慌失措地把牠帶到醫院，從那時起啄羽就成了牠的習慣。不是一年到頭都會出現，但總是由媽媽行為的細微變化所觸發。

因意識到「這件事都是我的錯！」，媽媽才決定以後跟橘子互動不要那麼親暱，但為時已晚，也可以說她的做法太極端了。無論做什麼都不見啄羽行為減緩。兩年後，媽媽最終打消搬家的念頭，但相處時間長短和啄羽發生率之間的關聯，是顯而易見的。這一件事促使媽媽重新審視他們的互動方式。

配合高齡期來調整環境

要推翻鳥寶十年來的經驗和實際成果不容易。從媽媽在家的時間減少以來，橘子陷入極度不安之中，並且為了擺脫這些焦慮和壓力而集中心思到一件事（咬皮膚）上，透過該自我刺激行為來平復心情。沒有同住的女兒也表達想為橘子做點什麼的決心，然而因橘子年紀也大了，需要慎重對待。關於鳥寶從幾歲開始進入高齡期，目前沒有絕對的標準，但一般只要超過鳥種平均壽命的一半時，就稱為高齡期。

高齡期的行為和身體狀態都會發生變化，所以需要持續每天觀察。舉例而言，溫度控制會有所不同。就算以往夏天設定這個溫度，然而進入高齡期機能就會下降，所以要避免「以前這樣都沒什麼問題」的推斷。

就橘子的情況來說，要重新審視生活步調到什麼程度、是否要導入覓食機制，都需要仔細地觀察。另一方面，擬出的訓練建議會不會造成媽媽的負擔，也要考慮。讓女兒把橘子接去照顧不可行，因為有可能導致橘子失去食欲。這麼說對女兒有些抱歉，但對橘子來說女兒就是「見過幾次面的人」。

但鳥寶不管到了幾歲都能學習新東西。綜和上述考量，對於橘子未來的生活環境，我提出了以下改善建議：

① **讓牠學會關注媽媽以外的事物，學會自己玩耍。**以往，橘子很少待在鳥籠裡，加上鳥籠裡也沒有玩具，而放風時總是黏著媽媽不離開。聽說牠有時候會做出「咬報紙」的行為，所以我決定活用這一點：

- **如果牠停在肩膀上，那就讓牠待著，故意讓牠看見報紙，跟牠互相拉著玩。**
- **把牠的主食帶殼飼料放在報紙上。如果牠也會吃，就稍微折一下報紙邊緣，慢慢把帶殼飼料包裹起來。讓橘子學會一邊咬報紙，一邊尋找藏在裡面的帶殼飼料。**

②由於原本沒固定的放風時間，現在就試著一點一點地增加牠待在鳥籠裡的時間，並且把鳥籠裝飾的更有魅力：

- **待在鳥籠裡的時間以五分鐘、十分鐘、十五分鐘為單位延長。這時，隔著鳥籠對牠撓癢癢，或讓媽媽待在牠身邊，提高此空間的歸屬感。**
- **當①的咬報紙行為成為日常遊戲後，可以試著把碎報紙放進鳥籠裡，或是用報紙把帶殼飼料包起來，纏在鳥籠的橫桿上。**

③提升女兒的價值。至今女兒與橘子的互動很少，在她會回媽媽家的週末，設法提升互動，藉以緩解橘子在媽媽不在時的不安：

- **聽說橘子滿喜歡吃燕麥的，所以把燕麥定為僅由女兒給予的特別食物。換句話說，只有在這兩天才吃得到，估計燕麥和女兒的價值都會提升的。但過程中如果橘子因為平日吃不到燕麥而變瘦就考慮其他方法。**

提醒飼主：任何嘗試必須是「能力所及、不能勉強自己的範圍內。」

飼主也跟著鳥寶拓展興趣

訓練開始兩個月，她們和我分享了實際執行的成果及難處：

- **橘子會咬報紙。牠好像比較喜歡扭成繩狀的報紙。放風時，如果把帶殼飼料撒在報紙上，比起飼料，牠會先去咬報紙的邊緣。也就是說，以前總是待在媽媽肩膀上的橘子，現在會主動跳下肩膀，啃咬桌上的報紙了。**
- **親眼目睹橘子把牙籤叼來叼去。**
- **橘子在鳥籠裡的時候，把一條扭成繩狀的報紙塞進鳥籠的縫隙裡，牠會拉扯著玩。**
- **當女兒到媽媽家裡來時，橘子會主動往女兒的方向飛過去了。**

橘子開始做出一些新行為。據說把報紙扭成繩狀是媽媽在觀察過後產生的靈感。兩個月的努力漸漸看到回報，想必橘子也有感受到飼主對自己的關心。

不僅如此，媽媽也產生變化，她會很高興地向女兒報告自己

做了什麼事，而橘子又有什麼反應。女兒告訴我，雖然媽媽的健康仍時好時壞，但變開朗了。前來個別諮詢的人只有女兒而已。雖然我沒有見過橘子和媽媽，但女兒臉上的表情比剛開始見到時明朗多了。

個別諮詢總共兩次，橘子的改善任務今後也將持續進行。結業後女兒也來過店裡幾次，向我回報橘子不再啄羽，還比以前更積極地四處活動，在下半鳥生更積極地拓展生活樂趣。

鸚鵡的行為映照出飼主的心

在個別諮詢中，我會對於整體生活給予建議，但一切仍取決於飼主對改變生活方式的意願。我通常這麼告訴飼主：「目前的狀態繼續下去有這樣的風險，所以我建議改善一下。」有些情況是特別令人擔憂的，比方說：

①完全放養在鳥籠外

②飲食中脂肪含量高或營養不均衡

③用拍手、大聲喝斥等懲罰方式對待

④摸遍全身的互動方式

關於①的放養，我會請飼主思考「同樣的生活方式可以維持到何時」，尤其對於長壽的中型和大型鳥類來說。在鸚鵡長達幾十年的一生中，中途換了飼主也是常有的事。

就像橘子一樣，有一天突然被關在鳥籠裡，飼主又外出頻繁，生活環境（步調）發生變化，因為陷入焦慮而做出啄羽行為。也許飼主根本沒有意識到，或覺得「只是照顧牠的時間少了一點點，應該沒關係吧？」但在鳥寶來看，這「一點點」的變化實際上非常巨大。早在橘子發出的信號第一次被察覺到以前，若是能在過去十年的某個時間點及早發現的話，或許情況會和現在截然不同。

可惜的是，多數的人在問題發生以前，容易抱持毫無根據的自信，像是「我沒問題！」、「我們家鳥寶肯定沒事！」，要到刻不容緩時才想說，「我會為了心愛的鳥寶盡心盡力！」，而受苦的都會是鳥寶。並且，現在鳥寶有著什麼樣的行為和身體，也都是飼主造就的。

在本篇開頭我提到，鳥寶和飼主之間就像一面鏡子，舉例來說：

鳥寶都不跟人說話！
↓飼主自己很寡言

●鳥寶老是做一些不好的事！

↓沒有針對期望行為誇獎

鳥寶的行為反映出飼主的行為和心情。有的人把鳥寶接回家裡是想要被療癒，但鳥寶既不是用來療癒人類的工具，也不是為了療癒人類而生。想要被療癒，就該問自己是否同樣療癒鳥寶。我們都希望鳥寶當個「好孩子」，但從鳥寶的角度來看，我們是個「好飼主」嗎？

就算覺得自己是為了鳥寶好，這樣的想法也常受限於人類角度，到頭來受苦的還是鳥寶。我認為飼主不能總是只考量眼前的事，而應該從長遠的角度來關注鳥寶是否幸福。不要被網路上氾濫的資訊誤導，要自己區分取捨什麼是對的、什麼是錯的，如果覺得自己欠缺這方面的知識，那就去學習。

鳥寶只能在飼主給予的特定環境中生活，而鳥寶又是感情很豐富的生物。每個人都有決定與鳥寶一起生活的契機，即使說飼主與鸚鵡能否健康快樂地相處，一切都取決於飼主也不為過。希望每位飼主都能向鳥寶表示感謝，一起度過快樂又充滿活力的每一天。而我希望自己能從行為學的角度幫上大家的忙。

想要輕鬆自在養鳥的飼主可能會覺得我這個訓練師稍嫌嘮叨，但當你遇到什麼場面（當然希望不要發生這種事）、或感到迷惘的時候，若這本書派上用場，我會很高興。

正因為為鳥寶著想

「獨愛一人」
指的是一種嚴重依賴的狀態，一旦這個人不在，就會不吃不喝的慢性自殺。
在這種情況下，伴侶的死亡（不在）也是鳥寶的死亡。
再這樣下去……
別擔心！
不要因為鳥寶上了年紀就放棄！
好！
不管到了幾歲，鳥寶（人也是）都可以改變的。
這個人滿好的……

本篇配方適合

- 獨自生活的人
- 放養鳥寶的人
- 所有年齡層的鳥寶，不限於高齡

總結

能卸下心防的對象越多越幸福

要改善鸚鵡獨愛一人的問題，不只需要獨愛對象的理解，還要其他人積極努力。考量到今後的生活，萬一獨愛的對象因故不在鳥寶身旁，牠就會承受很大的負擔。因此即便你曾被攻擊、被咬過，也請試著增進與鳥寶的關係，本篇會介紹幾個解決方法。

你是不是做了鳥寶不喜歡的事呢？

回顧〈案例12〉的利可波就知道，有些人為了縮短距離會積極地跟鳥寶說話，但如果做得太過頭，鳥寶會覺得「什麼啦！吵死了！」，希望各位能配合鳥寶的個性，探索屬於你們的相處模式。

設置中繼點

有一種說法是，如果先讓鳥寶站在喜歡的對象（獨愛或第一的地位）手上，然後再去鼓勵牠的話，牠就能放心地跳到其他人手上，但存在個體差異。有的鳥寶心裡會想：「咦？為什麼非得要我去找最喜歡的人以外的其他人呢？不明白是什麼道理。」，可能藉咬人來表示拒絕。

碰到這種情況，先將鳥寶從牠獨愛的人手上放下來（手以外的地方），盡量讓牠待在可以很輕易跳回獨愛的人手上的地方，例如桌上或椅背上。此外，可以在一個不屬於牠的領地的地方嘗試，增加牠上手的動機。因為如果是在鳥籠上或平時常玩的站棍上，這類安穩的、放心的地方，牠對於跳到非獨愛對象的人手上就更沒動力。

此外，如果牠沒有表現出任何攻擊行為並成功上手，請給予牠喜歡的東西作為獎勵，以提升飼主的價值（好感度）。

與鳥寶一起出門

非獨愛對象的人請更常與鳥寶一起出門，並且要讓獨愛的人留下來看家。出門不一定是散步，因為有的鳥寶很討厭散步，所以要特別留意。可以參加鳥寶的線下聚會，或是去朋友家玩（不是養鳥的人也沒關係）。遇見不認識的人或其他鳥寶時，牠也會感到緊張的吧，這時唯有飼主可以信賴。儘管不是最喜歡的人，起碼是最熟悉的飼主。這時候只要再跟牠說幾句「沒事的～」安撫牠，飼主的價值就會大幅提升。外出之前記得考量鳥寶的身體狀況和天氣。

對鳥寶來說「獎勵」是什麼？

有人會說：「我都按照書上寫的去做了，但就是沒有改善，是我的教導方式不對嗎？」事實上，怎麼誇比怎麼罵來得重要。本書採用的訓練法「正增強作用」，又稱作「獎勵訓練」，鼓勵飼主發想表揚的不同方式，無論對人、對鳥寶都是開心的。

要傳達你對鳥寶的肯定，就要做些令牠高興的事，而這也是「獎勵」的含義。那麼，對鳥寶來說，什麼才是有價值的？比零食更有吸引力的獎勵，莫過於飼主的關注和搭話。試著脫離人類視角，找出家中牠真正會喜歡的事物吧。

另外，給予獎勵的最佳時機，是牠做出期望行為的〇～三秒以內。強化行為的效果由時機而定。但若是不巧，飼主完全來不及給予獎勵，比方說在改善大聲呼叫的過程中，鳥寶做出期望行為，你人卻剛好待在另一個房間裡。這種時候，一定要做出我們稱作「銜接橋樑」的舉動，那就是要「誇張地大聲搭話」來填滿期望行為和給予獎勵之間的時間。這樣一來，即使得到獎勵的時間超過三秒（五秒以內），鳥寶也比較容易理解是怎麼一回事。

傷腦筋四

其他

每隻鳥寶各有面臨的問題，
要不就是不回鳥籠裡，要不就是不肯從鳥籠裡出來，
要不就是叫得很大聲……但問題並非出在鳥寶身上。
只要持續努力改善，就可以帶給鳥寶和飼主更舒適的生活，
希望本書成為飼主們的助力。

案例 14

幸福存在於鳥籠之外？

牡丹鸚鵡 KIMI 總是不肯回到鳥籠裡。牠的飼主因而把放風時間改為只有晚上，原本是早、晚各放風一次，但過去每天早上上班前，飼主都得展開攻防戰讓 KIMI 回到鳥籠裡，而耽誤上班，對公司只好解釋自己身體不舒服。

在店裡，客人最常問我的問題之一，就是鳥寶不肯回籠。但通常將店裡提供的建議在家裡實踐有效，就沒必要個別諮詢了。只要能掌握重點，用不著飼主追趕，牠們就會自行回到鳥籠裡。

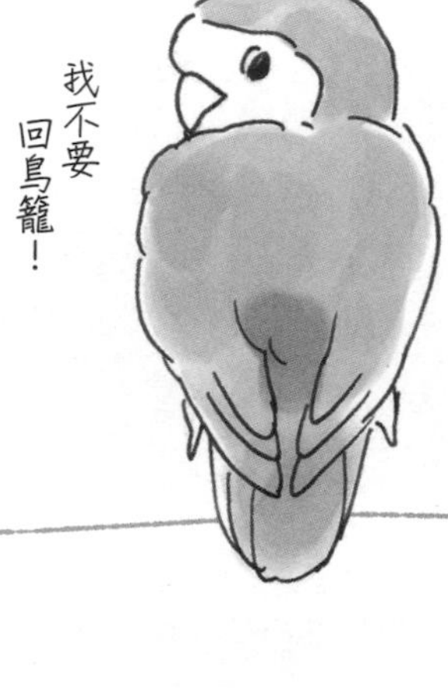

KIMI的情況

（牡丹鸚鵡）

家庭成員

KIMI（牡丹鸚鵡・♂・當時4歲）

飼主

鳥宅的舒適要件

要了解鳥寶不回鳥籠的理由，我的第一步是請飼主回顧可能的原因。

A. 鳥籠的擺放位置：

能讓鸚鵡在其中度過一天大半時間的，必須是個可以讓牠安心休息的地方。不想進鳥籠的可能情形有，擺放的位置會讓牠覺得「我才不想回那麼恐怖的地方！」；還有當鳥籠和人們在不同房間時，會令牠感到孤單……必須仔細觀察。

放在哪才足夠舒適安全，我彙整成下面①～④檢查點：

①是否位於窗邊或是能看見窗外的位置：

有些飼主擔心鳥寶感到無聊而將鳥籠擺在窗邊，但窗外的景色對部分鳥寶來說是很可怕的。烏鴉飛來飛去、雲的流動、天氣變化都有可能令牠們害怕。

②沒有躲避空間：

自然環境中的鳥類大都處於被捕食者的地位。若在某處你能三百六十度環視四周，代表你自己也無所遁形。讓自己暴露位置會令鳥寶不安。一般建議把鳥籠貼著房間的一面牆壁或是放在角落，藉以製造出一個躲避的空間。除了改變擺放位置，我們還可以刻意用毛巾或紙板遮住鳥籠的一側，製造隱蔽處，也就能擺脫緊張的情緒。

③高度：

鳥寶在越高的地方會越放鬆——是飼主常會有的迷思。有些鳥寶在低處反而更自在，請一邊觀察你家的鳥寶一邊調整高度。

④很難跟飼主交流互動：

有的情況是：回到鳥籠裡，飼主（同伴）就會不見人影（看不見）↓焦慮不安↓心想「我不要回鳥籠裡！」

即使鳥籠置於看不見家人的地方，飼主也需要和牠說說話，或使用聯絡叫聲來給予鳥寶安全感。另外如果鳥寶一回到鳥籠裡，飼主就立刻關上門或當場離開，「快樂的時光突然就結束了」會給牠很大的打擊。所以建議當放風時間結束時，輕輕把門關上，可以跟牠聊一會兒，給牠一些獎勵，盡可能避免讓牠產生排斥。

B. 籠內的佈置

如果愛鳥有喜歡的玩具或東西，就把它放進鳥籠裡，讓牠在裡面也有很多事情可以做，這樣鳥寶會覺得待在鳥籠裡也不錯吧。但再怎麼喜歡看久了也會膩，記得考慮下一步。

C. 放風時間不固定

人類以自己的立場說：「現在回鳥籠裡去！」很難有效傳達而會得到反效果。這是鳥寶不肯回鳥籠裡的飼主們最常碰到的情況。只要大致制定好放風時間後，鳥寶也會慢慢理解這個步調的。但請注意，制定好放風時間不代表鳥寶就會乖乖回籠，也要重新檢視其他A、B、D項目。

D. 少了回到鳥籠裡的動機

回到鳥籠的動機第一名是食物。如果鳥籠外本來有準備食物和水就先通通移掉，營造一個只有在鳥籠裡才有食物和水的環境。這麼一來，鳥寶突然覺得肚子餓了，就會自己回到鳥籠裡吃飯。

如果家裡的鳥寶有很喜歡的零食，便可以將其用作「只有在鳥籠裡才出現的限定食物」。但是無論再怎麼喜歡，在滿腹狀態下就毫無吸引力。因此，貫徹「食物只會在鳥籠裡」的原則，再活用零食的吸引力，一定效果加乘。

讓鳥籠內充滿好玩的東西

針對A～D沒滿足的項目，思考如何改進。對鳥寶而言，飼主身邊肯定比籠內好玩多。當我們把鳥籠內佈置得充滿魅力，即使仍比不上籠外的世界，只要讓鳥寶產生「差不多該回鳥籠了」的念頭就已足夠。

回到這次來諮詢室裡的KIMI，鳥籠的擺放位置沒有什麼問題（A），鳥籠內的佈置也很好（B），放風的時間很固定（C），所以不回籠裡的主因，就是D：讓牠想回到鳥籠裡的動機太薄弱。在鳥籠外，牠最愛的粟米穗任牠吃，也有地方喝水，完全不須回鳥籠裡。所以我們決定採用「不在鳥籠外準備食物和水」的方法。

一週後，飼主向我回報：「已經在鳥籠外移除粟米穗和水了，但牠還是沒有意願回到鳥籠裡」，很灰心地說：「是不是怎麼做都沒有用了」，我告訴飼主，這不就只是代表牠「還不餓」嗎？所以目前讓牠想回到鳥籠裡的動機還很薄弱。飼主聽完，頓掃臉上陰霾。

理想的情況是讓鳥寶在放風時間處於空腹狀態，讓鳥寶養成「我餓了，要回鳥籠裡吃飯！」的習慣。因此，KIMI

接下來的任務是「製造空腹時間」。為實現讓鳥寶在放風時間四處活動到肚子餓，還要考量運動量和時間，所以光這樣還不夠。因此，我制定了下表的作息調整計畫。

從下方表格可看出製造KIMI的空腹時間，最好是在（*1）。所以我先請飼主，早上起床第一件事就是把KIMI的飼料碗拿走。在這種狀態下進入放風時間，在（*2）的時候拿出飼料，讓KIMI進到鳥籠裡吃。

成果十分驚人！飼主在準備飼料的時候，KIMI就一直纏著討要，把碗放進鳥籠後，KIMI自然而然就回籠了。有些鳥寶經過這樣的調整後就沒有問題，我為此高興的同時仍暗自祈禱「希望KIMI不要發現」——然而KIMI還是發現了。

幾週後，飼主來到店裡沮喪地說：「KIMI最近又不肯進鳥籠裡了……KIMI會趁我起床把飼料碗收走以前大吃一頓，等到放風時間，牠已經是吃飽的狀態了，所以又不肯回鳥籠裡了。雖然是沒有以前那麼抗拒啦」牠果然發現了！真

6:00 A.M.	飼主起床。掀開KIMI 的鳥籠罩。
6:00～6:40 A.M.	飼主吃早餐。KIMI也吃早餐。（*1）
6:40～7:20 A.M.	KIMI的放風時間→希望牠在7:40前回到鳥籠裡／更換飼料（*2）
8:00 A.M.	飼主出門。

不愧是KIMI，好聰明呀——但現在不是感嘆的時候。接下來，我請飼主一起絞盡腦汁。飼主更早起床也不是辦法。飼主基於之前學到的「如何製造出空腹時間」概念，提出下面兩個策略：

一、重新評估晚上放的飼料量。不可能全部收走，所以稍微減少目前的飼料量，然後在依早上的情況來調整晚上的飼料量。

二、飼主注意到了自己的一些行為：「我以為自己有保持KIMI在鳥籠裡時的溝通交流，但其實我做得很少。」通常隔著鳥籠幫鳥寶撓癢癢、說說話就沒問題。但KIMI可能不是很滿意吧？

另外，飼主發現KIMI喜歡蕎麥，決定當作鳥籠裡的特別食物。

能聽到飼主回報建議的成果效果很好固然開心，但看見飼主深入理解建議背後的概念，並觀察自己的行為，主動尋找原因，這才是最令我高興的事。尤其是初次諮詢說「我家的鳥寶真的很任性」、「我家的鳥寶很笨」的飼主，到後來開始反省自己的做法並願意調整改變，是我從事個別諮詢以來最大的感動。

只要傳達方法得當，鳥寶都做得到。然而，最困難的是改變人的行為和想法。訓練師並不是人類的諮商師，也不具備操控心理的技能。

飼主開始改變的契機，看來就是親眼目睹鳥寶的變化，或許是得到了「這個方法行得通！」的回饋吧。不然就算我怎麼主張「飼主不改變，鳥寶也不會改變」，我想都得不到共鳴。只有伴隨著努力和成功經驗，飼主才會意識到「原來是這樣！」

至於 KIMI，從一開始我就很篤定牠一定沒問題的。事實上，飼主提出的兩策略中，僅實行了第二個就奏效了。飼主會搖晃裝有蕎麥的容器，一邊說「回去囉～」KIMI 就會立刻飛回鳥籠裡，站在站棍上乖乖等待。

根據情況，也可以使用〈案例5〉中採用的標的訓練。如果做標的訓練時鳥寶會追上來的話，牠就會自己回到鳥籠裡。在關上門以後，可以隔著鳥籠玩一會兒「觸碰&獎勵」，重複幾次後，牠就會記住「在鳥籠裡也有好玩的事～」。

我希望大家不要落入「鳥寶不肯回鳥籠的話，一開始就不要放出鳥籠」的負面連鎖效應，而是透過規矩和訓練，讓人類和鳥寶都能毫無負擔地生活下去。

好想回家啊

本篇配方適合

- 因為鳥寶不肯回鳥籠而傷腦筋的人

案例⑮ 鸚鵡也有「叛逆期」嗎？

小百來諮詢的內容是，牠突然開始咬人，並且在某個時間點後，牠便害怕走出鳥籠。

我請飼主在家中觀察後，飼主的細心有助我掌握情況。她告訴我「不說話直接觸碰鳥籠時（移動鳥籠、掀開鳥籠布套或伸出手時），或在小百沒有要求時，試圖給牠撓癢癢（雖然很少），從牠的表情就能看出來。牠是不是不太喜歡別人去逗弄牠呢？」。

看來咬人是小百表達意圖的方式，我建議飼主①**在撓癢癢前出聲詢問，以及②為了教會牠不能咬人的手，可以嘗試標的訓練**（詳見〈案例5〉）。

這不只改善行為問題，還提升飼主對鳥寶的觀察

百太郎的情況

（粉紅鳳頭鸚鵡）

家庭成員

百太郎（粉紅鳳頭鸚鵡・♂・當時4歲）
太太（照顧者）、先生
同住鳥數隻、同住狗1隻

力。我也提醒飼主，如果小百意願不高，就不要把標的拿到牠眼前晃，逼牠做出反應。

在第二次個別諮詢中，為了方便飼主理解訣竅，我決定和飼主一起做。

以免洗筷作為標的物，飼主按我建議的做法隔著鳥籠實際試試看。小百對標的毫無戒心，馬上就湊上前用嘴巴碰了碰。但小百完全走在自己的步調上，試圖從飼主手中搶走標的，飼主不禁著急地喊：「啊！不可以咬！」、「啊！不要拉！」。

鐵則：在觀察鳥寶行為的同時也要尊重牠的意願，但訓練的主導權依然在飼主手上。

用嘴巴觸碰目標↓拿出獎勵、並立刻收回標的↓領取獎勵時不讓牠觸及標的。

飼主很快掌握了竅門。這時我更加確信，我們是否能把期望行為傳達給鳥寶，都取決於細微的時間點和觸發因素。不消多久，聰明的小百很快地就產生連結，「觸碰標的就能獲得獎勵♪」。

我提議進一步做讓小百放出鳥籠的練習。飼主曾在給獎勵時被咬過手指，在那之後就不太敢把小百放出鳥籠。首先，隔著鳥籠做標的訓練，先讓小百從學會「咬手指或做出攻擊性舉動就沒有獎勵」、「相反地，輕輕地觸碰標的、輕輕地收下，就能獲得獎勵」開始。這個訓練過程也有助飼主調適心情。

由於還沒掌握到小百不肯離開鳥籠的真正原因，在個別諮詢室裡，我們只是讓鳥籠的門保持開著，等著小百主動走出來，但那一天小百並沒有離開鳥籠。

兩週後到第三次的個別諮詢，多虧搭話和標的訓練的成果，已不見小百咬人。因為飼主在行動前都會向牠搭話，像是：「可以撓癢癢嗎？」、「你想跳到手上來嗎？」、「我要把鳥籠拿起來了哦」。如果現在不是時候，那就晚點再來。創造一個不會被咬傷的環境。與其說是小百的訓練期，不如說是飼主的成長期呢。

而這一天是在鳥籠門敞開的狀態下，把標的拿到鳥籠附近的飼料碗上方，再立刻移動到鳥籠內的站棍上，就算拉開了距離，小百也能快速移動。如此重複了好幾次後，牠終於主動從鳥籠裡出來了！雖然我說要避免猜心，但小百在獲得南瓜籽後洋溢的喜悅之情，令人印象很深刻。

不過，飼主因為被咬過，還是不太敢在鳥籠外做標的訓練，於是我請飼主先保持不會被咬到的距離練習，這也是因為我判斷此時小百已經做好了萬全準備。接下來的過程中，小百接過獎勵的動作也很輕柔，這都是前面訓練的成果。反倒是小百感覺比飼主還從容許多。

有了成功經驗後，飼主的表情從戰戰兢兢轉為明亮——這也帶給鳥寶安全感，就像彼此拉近了距離一樣。

既然咬人行為已經解決了，我決定把重點放在「小百變得不願意走出鳥籠」的問題上。

從何時開始變得不喜歡出籠

飼主表示「以前小百是會走出鳥籠的，但最近都不出來了」，但實際情形是，牠還會在鳥籠附近徘徊，這樣問題就比我想的小很多了。但是，「不再做某事」的原因或許是來自牠心中的負擔。因此為了讓小百安心地走出鳥籠，我們可以試著找出原因並加以改善。

令我在意的是飼主所說的話——從「某個時候」開始，牠好像就很害怕走出鳥籠。那麼，「某個時候」發生了什麼事？牠在害怕什麼？

雖然飼主很拚命地回想，但至今不管是生活環境，還是和小百的相處方式都沒太大變化。其實，原本沒什麼大不了的事，鳥寶也有可能突然開始介意。找出來的方法之一，就是把小百的視野中經常能看見的東西，一個一個移開並觀察牠的反應。

有個過去來我這裡諮詢的藍黃金剛鸚鵡，牠從某一天開始突然不想從鳥籠裡出來了。我先是說：「如果鳥寶本人不願意，就沒有必要逼牠啦。」我接著問飼主，是否改變過房間的佈置，也完全沒有。於是，我建議把藍黃金剛鸚鵡視野內所有可以移動的東西都移走，結果就在移動某樣東西以後，牠就從鳥籠裡出來了。那個東西就是掃把。雖然飼主表示：「掃把從牠到這個家以前就一直在了，怎麼現在才在怕？」但就是這個東西突然讓牠介意得不得了。

如果各種方法都試了，仍沒有改善愛鳥不出籠的情形，我們就可以得出結論：是鳥寶自己選擇不離開鳥籠。

回到小百的案例，我們決定先觀察，「既然鳥籠周圍的區域是小百的遊戲區，那麼在這個區域附近放上小百喜歡的玩具，讓牠按自己的步調玩耍如何？」。

過了兩天，飼主就傳來小百用腳抓著玩具布鞋、眼睛閃閃發亮的照片，飼主說：「小百正在鳥籠外面玩耍」。

飼主眼中沒什麼大不了的事

我認為鸚鵡並不是非得離開鳥籠不可。只要籠內環境能讓牠破壞玩具或覓食，就不會覺得無聊。因為門保持開啟，想出來隨時都可以出來，而且只要小百有意願，上手、撓癢、還是握手都沒有問題。牠不會覺得日子過得「不好玩」或是「無聊」。飼主可以為牠保留「做」與「不做」的選項。飼主聽到這些似乎鬆了一口氣，說：「我以為在鳥籠外一定會比較好玩，但我們人類認為的『好玩』，不一定符合鳥寶的價值觀呢。」

就如同飼主說的，看著鳥寶的某些行為時，你會納悶明明就有更好玩的玩法，但凡是鳥寶選的就是最有意思的。所以大家為了鳥寶增加遊戲的種類和範圍的同時，請記得最後留給鳥寶自己做選擇。

尊重愛鳥的選擇

過程中我發現，小百的飼主總是在說剛遇見小百時的事，看起來她好像不能接受小百心理層面的成長，又或是不想接受。

她說：「第一次在繁殖場遇見小百時，在好幾隻粉紅鳳頭鸚鵡寶寶裡，就只有小百筆直地朝我走來。」當時她就覺得這是命中注定。「剛把牠接回來家裡的時候，牠都不會咬人，還會跳到手臂上。剛開始真的過著我理想的生活，但卻從某一刻開始變質……。」

飼主大都會對愛鳥抱有理想：「希望可以有○○、○○的交流互動」。但鳥寶不一定能回應——如果這樣的理想有助於增進關係，我很樂意協助。

回到小百的案例，飼主也有很多理想，像是「希望小百能待在我的手上乖乖不動」、「希望我一伸手小百就會自己跳上來」、「希望小百隨時隨地都能讓我幫牠撓癢癢」。我就告訴飼主，交流方式不是只有觸碰這一種，看起來飼主原本就注意到這一點。此後聽說飼主現在會好好觀察小百的行為，也不會再強行伸出手被咬了。

另外，在諮詢的時間點小百即將滿四歲，準備進入成熟期，我推論這是關係產生變化的因素之一。當愛鳥成長

到這個階段，對飼主最重要的，是接受牠的成長，並且也要用前後連貫的規則讓鳥寶知道不可以咬人。

「叛逆期」是人類為了方便而創造的說詞

或許小百的轉變純粹是成熟期的影響，但是飼主這期間的努力嘗試，使得她對小百的觀察加倍敏銳。要是不假思索地做出結論「成熟期特有的叛逆期」，你可能會看不見本質。了解牠心理層面的成長後，飼主似乎也坦然接受現在和小百的相處方式。

進一步說，我覺得「叛逆期」這個詞不適用於鸚鵡。從鳥寶的角度來看，或許牠並不覺得自己在搞叛逆。隨著成長，看過各式各樣的東西後，就會開始抗拒那些迄今為止能接受的事物，原本不太在意的事物也開始介意了起來，也就是即將迎來鳥寶的「獨立期」、「獨當一面期」。這是很自然的事。

像小百的飼主這樣，不能接受鳥寶在心理層面成長的還不在少數，甚至有的因此將鸚鵡放生（這並不等於不幸。如果在原家庭得不到足夠的愛和照顧，在新飼主身邊也許會更加幸福）。

還有，千萬不要誤會我的意思。鳥寶並沒有討厭牠們的飼主。雖然鳥寶的感受只有自己能理解，但我想牠對於第一次經歷的身心變化也感到相當困惑。在鳥寶身上出現和以往不同的行為，例如咬人，請別放棄找出原因。有就做改善，如果沒有頭緒的話，請基於一致的適當規則，在相處方面留意不要讓牠養成咬人或大聲呼喊的習慣。

本篇配方適合

- 覺得「隨著年齡增長我家鳥寶變了？」的人
- 與以前相比，覺得鳥寶的行為產生變化的人

看看我真實的樣子！

案例 16

鳥寶食欲不振

小太是一隻大白鳳頭鸚鵡，因為不肯吃東西而需要在醫院接受強制餵食。飼主從醫院順道來到店裡，尋找合鳥寶胃口的東西。

仔細一問才知道，她把小太接回家還不到一個月。我與她確認在接回家以前見過幾次面，她說大概兩～三次。原來如此，顯然是因為環境變化導致食欲下降。

雖說鳥寶的記憶力很好，也難保見過幾次面的人都能記住。不至於要等到彼此非常熟悉之後才能接回家，但若是等到讓牠覺得「啊！這個人我認識！」會更容易適應新環境。

小太的情況

（大白鳳頭鸚鵡）

家庭成員

小太（大白鳳頭鸚鵡・♀・當時10個月）
太太（照顧者）、先生

縮短適應期的妙招

那麼在鳥寶成為家人前，飼主如何令牠留下強烈印象？有以下幾種方法：

每次見面都穿相同顏色／圖案的衣服：

鸚鵡可以看見所有色彩，如果每次都穿顏色或圖案較少見的衣服，就能留下印象。但也有可能得到反效果，比如牠剛好討厭那個顏色或圖案，對你的印象可能變成「哇！這個人好可怕！我討厭他！」。

另外，可能在鳥寶熟悉你前，寵物店的店員就先記住你：「啊，這個人又穿同一件衣服」但不需要在意這些事。

順帶一提，我們訓練師每次都會記下自己在個別諮詢當天穿的衣服顏色。初次見面時鳥寶沒有很害怕，就可以再穿。就曾有飼主說：「其實我們家鳥寶不喜歡這個顏色～」所以我身邊也隨時備著可以披在最外頭的東西。

讓鳥寶留下印象的動作：

不同鳥類有自己擅長的動作，要是有人模仿牠們的動作或跟牠們一起舞動，牠會對你感到好奇，「哦？是同伴嗎？」。你可以微微地上下點頭、左右來回走動、做伸展運動、用身體畫八字形等等，藉此跟牠的動作同步。還有，這時請暫時忽略旁人的視線。

和寵物店店員聊聊：

看見你在跟鳥寶喜歡的人交談的樣子，可以給牠帶來一些安全感，所以觀察一下負責照顧鳥寶的店員當中，牠最喜歡的是哪一位吧。最好一邊觀察情況一邊嘗試，因為如果和店員相處得太熟會招致反效果、引起嫉妒。這個方法另有好處，就是觀察店員怎麼和鳥寶相處。不過模仿店員也不一定有幫助，因為有些鳥寶的喜歡沒有理由，至少我們能從中找到更加親近的線索。

給鳥寶牠最愛的東西：

事前向寵物店店員說明情況並取得同意後，再請店員分一些平時餵鳥寶的東西給你。「這個人會給我好東西！」的印象產生的影響是很巨大的。

還有，在寵物店裡請盡量避免逼鳥寶上手，以免引起反感。

不宜同時改善太多

回顧小太的案例——眼前有幾個沒什麼印象的陌生人，環境還改變了。幾乎所有鳥寶都會對這樣的狀況感到困惑，食欲因此下降，並導致健康狀況變差。除此之外，

這個時期往往會做出適得其反的事，以下我會介紹小太是如何開口吃飯的。

把小太接回家後的環境是：

①想說在總是能看見家人的地方比較好，所以把小太的鳥籠放在客廳一角。聽聞鳥籠最好擺在人類坐著時的視線高度，所以就是這個高度。

②已經從手餵畢業了。

③在寵物店時以滋養丸為主食。從來沒有吃過種子類，像是葵花籽和紅花籽。

在家裡的情況是，如果打開鳥籠的門，牠就會出來。也會跳到人的手上。但牠總是不吃飼料，飼主挖空心思，目前為止嘗試過下面方法：

- 除了以前在寵物店吃的滋養丸之外，還嘗試了四種不同品牌。
- 上網查了一下，試著給大白鳳頭鸚鵡可能會喜歡的種子類，如葵花籽、紅花籽、蕎麥、燕麥、小麥等等。
- 在網路上看到一些建議表示熱食可能比較好咬，所以試著做了配方糰子。
- 聽說鸚鵡看見人類進食，會產生一起吃飯的念頭，於是假裝吃小太的東西，還一邊

說：「好好吃哦～」，但牠一點反應都沒有。

飼主沮喪地說「我真的什麼方法都嘗試過了」她甚至考慮過是不是該把小太退回寵物店裡。聽下來我的第一個想法是，她在短時間內做了太多事。要讓鳥寶早日適應就得配合牠的步調。飼主認為，放出鳥籠時，小太願意跳到她的手上，應該有在慢慢習慣了。雖然存在個體差異，但是適應新環境是需要一定時間的。

我建議試著把環境恢復接近在寵物店裡時的狀態。例如將鳥籠的高度調整到和寵物店一樣高，還有進入鳥籠內的光線狀態（亮度）等等。

飼主認為能看見外面會好一些，才將鳥籠放在窗邊，現在我們從〈案例14〉知道，這可能造成牠心神不寧，於是將其移到房間的角落。現在鳥籠的兩面都是貼著牆壁的。此外，在小太的鳥籠上放了一塊鳥籠三分之一大小的紙板，製造一些陰影處來增加隱蔽感。

環境的聲音，是寵物店和家裡最大的不同。寵物店裡總會有店員或客人進出，而且還有其他鳥寶在，很少有安靜的時段。但小太來到新家裡，白天一隻鳥顧家，況且房間裡連外面的聲音都聽不到。於是飼主及家人決定在白天小太一個人顧家時打開電視。雖然從牠的位置看不見電視畫面，但有聲音就足夠了。何況螢幕對於不熟悉電視的鳥寶來說反而增加負擔。

關於飲食，我的建議如下：

換回在寵物店裡吃的飼料。

雖然有個地方可以一起吃飯也不錯，但也要保留一點空間讓牠獨處。

在從手餵轉換成獨自進食的階段嘗試「熱食」可能會有成效。而「和人一起吃飯」發揮效果的前提是，對方要是鳥寶信任的人、被視作同伴的人，而小太與飼主的關係沒進入到此階段，不論再怎麼假裝吃得津津有味，鳥寶也不為所動。

同樣的，「做給鳥寶看，鳥寶就會模仿」常運用在玩玩具或用噴霧器洗浴的時候，但先決條件是，鳥寶對這個人足夠信賴。

聽說飼主夫妻倆每天早上和晚上都會在站在鳥籠前說：「小太，吃飯囉～很好吃的哦～」，關於這一點，我也告訴他們可以搭話，但要減少貼在鳥籠前的時間。有時候「過度搭話」反而讓食欲不振加劇惡化。搭話很重要，但講求適度。

小太的飼主其實沒有做個別諮詢，而只是在店裡得到幾個建議，所以我甚至不知道飼主的名字。一個月過去了，正當我想著「不知道小太有沒有乖乖吃飯呢」，飼主夫妻倆就來到了店裡。見面的瞬間，看到他們容光煥發的模樣，直覺告訴我事情進行得很順利。聽說在改變了鳥籠的擺放位置和相處方式後，小太像是被打開了開關，現在吃東西都是大口大口地吃。是環境改善的功勞，還是正好小太適應了新家不得而知。總而言之，可喜可賀！

我建議為了小太購買的大量滋養丸或種子類可以活用在未來，增加飲食的娛樂性。現在只要飼主表現出「啊～這個好好吃～～」的樣子，小太也會很好奇地追問：「什麼？什麼？我也要」。

我們的體貼也可能造成鳥寶負擔

剛把鳥寶接回家時，不要一次改變太多東西，會對牠們適應新環境更有幫助。稍微讓牠們自己靜一靜、避免干涉太多。當然，仔細觀察是很重要的。

有飼主會問：「下次我要接鳥寶回家了，有什麼推薦的食物嗎？」我會告訴他們：「先讓鳥寶繼續吃以前吃的飼料。」並建議向寵物店或繁殖場詢問接收一定份量的原飼料。畢竟環境改變了，人也改變了，保留熟悉的飼料對牠來說也比較好。有的飼主出於脂肪含量過高等原因，不想採用鳥寶以前吃的飼料（如葵花籽），打算接回家後立刻改掉。我就會建議飼主「等到牠在新環境裡正常飲食並

可以維持體重時，再來重新檢討飲食內容就可以了」。

也有些鳥寶不會因為環境變化而動搖，或是在搬家前見過新飼主好多次，而沒有適應的問題。不管怎麼說，當鳥寶的環境發生像換新家這樣的巨大變化時，飼主需要盡可能幫助牠順利地適應新環境。

還有一件事，很多人會計畫在連續假期把鳥寶接回家，這樣才能有完整的時間好好接待新成員。我認為這個出發點很好，但試想此期間很多醫院也都休假，萬一鳥寶在接回家裡以後身體狀況變差，就沒有辦法即時處理應對了。所以我建議避開這些日子。

事實上，由於小太剛被醫院強行灌食完而留在車上，所以到最後我沒機會見上一面。身為訓練師，我會把牠當成認識的鳥寶對待，初次見面時，要是我很裝熟地說：「小太～你好嗎～」牠一定會用「啊？你誰啊？」的眼神看我的吧。

莫急莫慌

本篇配方適合

- 把鳥寶接回家的人
- 將來計畫把鳥寶接回家的人

案例 17

鸚鵡vs.人類的智慧大比拚

這幾年出版了許多關於鳥寶的書。常見於其中的「這種鳥就是這種個性！」、「容易飼養」、「容易馴服」等用詞令我有點在意。書中照片裡的每隻鳥寶看起來都非常可愛。

小不點的飼主也是在書上對錐尾鸚鵡一見鍾情，書上寫著「現在大受歡迎！」，再加上去寵物店把小不點接回家時，寵物店店員都只說了優點，飼主做夢也沒想到會這麼辛苦。

把小不點接回家的時候，牠還不滿一歲。寵物店標榜的是「帶出去絕不丟臉的鳥寶」，也就是主打「不怕生」、「對每個人都很友善」、「時而撒嬌，時而獨

小不點的情況

（黑帽錐尾鸚鵡）

家庭成員

小不點（黑帽錐尾鸚鵡・♂・當時4歲）
太太（照顧者）、先生

立」、「聰明！」，任誰聽起來都會覺得是很有魅力的鳥寶吧。這讓第一次養鳥的夫妻倆，心想「我們照顧得來！」而充滿樂觀。

但實際接回家裡養以後，過了一歲就開始會咬人和大聲呼叫，讓飼主很傷腦筋，甚至漸漸地不覺得牠可愛了。儘管如此，她還是很積極地透過寵物店店員、網路、書籍取得資訊，身為飼主該做的事她都盡了最大的努力。

小不點在寵物店時，還沒有長成自我意識，無論對牠做什麼事牠都會接受。滿一歲之後，寵物店主打的個性優勢不復存在，開始做出一些非期望行為（即便不是牠的本意），像是咬人、大聲呼叫。

從小不點的角度來說，可以說牠是透過獨自制定有效方法來滿足自己的要求。所以，牠在家裡是過得相當舒適自在的。第一次見面時，相當苦惱的飼主與完全不怕生的小不點，形成強烈對比。飼主說：「牠現在實在是太吵了，已經不覺得牠可愛了」，但看到小不點滔滔不絕地說「好棒！好棒！」、「好乖！」、「好可愛呀！」，我從中感受到飼主對牠的愛。

鸚鵡的溝通方式有限，呼叫是其一

我向飼主確認鳥寶通常是在什麼情況下會大聲呼叫，但似乎與飼主是不是在牠視野內無關。我又問：「什麼情況下不會叫呢？」，好像離開鳥籠就不叫了。如果是在鳥籠外，就算沒有看見飼主也不會叫。

● **在鳥籠裡時→無論看不看得見飼主都會呼叫。**

● **在鳥籠外時→不會高聲尖叫。就算飼主不在眼前也不會叫。**

可推知小不點呼叫的目的，是讓飼主把牠放出鳥籠。在鳥寶「放我出去！放我出去！」的催促下飼主打開鳥籠門的場面，在這個家很常見。而牠就是從這個過程快速學會「只要這麼做就會放我出去了！」。

即使剛開始是個偶然，一多就會成為一種學習行為。「呼叫→被放出鳥籠」的模式已經形成，雖然飼主曾挑戰在牠大聲呼叫的時候不把牠放出鳥籠，但沒有持續多久。

呼叫→有時候沒有被放出鳥籠→「咦？真奇怪，以前只要一叫就會放我出去了啊」→「這樣啊，那就是我叫得不夠大聲吧！」→就這樣持續叫十分鐘、二十分鐘後，飼主敵不過只好把牠放出鳥籠。這就是典型的「部分強化」。

「有時成功，有時失敗」是否似曾相識？這和沉迷於柏青哥的賭徒出於同樣的心理狀態。不是每次都會贏，但在一次成功嘗到甜美的果實後，就會越來越無法自拔。小不點也是這樣累積了達到目的的經驗。

至今當小不點在大聲呼叫，飼主一般會：

- **用布罩套住鳥籠讓裡面變暗**
- **大聲喝斥**
- **用噴霧器噴水**

從結果上看，這些不僅沒有改善效果，而且都是懲罰。即使暫時見效，也沒有從根本上解決問題，還有可能會破壞飼主與鳥寶的信任關係。

我再向飼主確認這些應對的效果，她表示「用噴霧器噴水」有一點效果，但對改善問題沒有幫助。看來小不點不太喜歡洗浴，被噴霧器噴了水以後，牠就暫時不叫了。但也只是暫時的。然後就會陷入「又開始叫↓用噴霧器噴水↓暫時不叫」的循環。雖然小不點確實是不喜歡被水噴到，但牠畢竟有著過往的實際成果和經驗。

呼叫↓「偶爾會被噴水，但偶爾有機會被放出鳥

籠」，如果這個行為會伴隨著小不點期望的結果，這個行為就不會完全消失。牠會持續下去也是可預見的結果。

飼主一臉失望地說「喔～原來是這樣啊」，我接著告訴她：「既然小不點這麼聰明，要牠學會期望行為肯定也沒問題的。」，她的表情才明亮起來。我補充道：「但是，想要改善呼叫行為，頭一個月很需要耐心和毅力。小不點已經擁有了這段時間的經驗和實際成果，要推翻牠的想法是很困難的，但可能性不是零。」飼主幹勁滿滿地說：「我會努力的！」

想改善呼叫就要貫徹規則

改善呼叫行為的措施是，**「當鳥寶以期望的聲音，也就是飼主可以接受的聲音呼叫時，給予獎勵」**、**「否則不做出任何反應」**。

以此為前提，夫妻倆還得制定一套共同規則，避免互動方式有落差造成小不點混亂。我們於是開始討論什麼樣的叫聲是理想的（可容忍的），以及取代高聲尖叫的期望行為，像是叫自己的名字、用嘴巴敲打鳥籠裡的站棍，或是可以搖動玩具的鈴鐺。

做出這些，就給予獎勵。那麼該用什麼作為獎勵？很簡單，至今為止呼叫的目的都是「讓人把自己從鳥籠裡放出去」，所以這就是獎勵了。問題是，必須要「在牠做出期望行為（叫聲或行為）後給予一〇〇％的獎勵」才能準確。所以飼主要思考是否每次都可以讓牠出來。想將行為（如呼叫）轉換成其他行為，必須要把應對規則貫徹到底，於是我提出下面建議：

①制定放風時間：

在放風時間內做出該行為就將牠放出鳥籠。初期在非放風時間也這麼做。等到期望行為的發生率上升，就一點一點地拉進放風時間內。當牠做出非期望行為時，即使是在放風時間也絕對不能讓牠離開鳥籠。

②給予食物性質的獎勵：

對小不點來說，最好的獎勵就是離開鳥籠，但如果牠在放風時間之外做出期望行為的話，可以隔著鳥籠給牠最愛的食物。小不點最喜歡葵花籽了，我們決定好好運用這點。

在改善呼叫上，最常見的錯誤方法就是「對非期望行為不做任何反應」。至今當小不點「啾啾！啾啾！」叫時，飼主總是拚命忍耐不做反應——有可能不管等多久牠都不會停止尖叫，反而更起勁：「這樣怎麼樣！這樣怎麼樣！」。這時要由飼主引導牠，告訴牠「我希望你是用這樣的聲音叫」。

首先，我請他們貫徹這套規則至少一個月。但一週就看見變化了。一個月後，像以前那樣高亢的尖叫聲發生率已經降到三成。

但是！小不點可是很聰明的。當牠想要到鳥籠外或是想要獎勵，通常懂得要喊自己的名字「小不點～」，但有時牠等不及就會——

變成用吼的『小——不——點——啊啊啊啊啊！！』

用嘴巴輕輕敲擊站棍↓把嘴巴移動到側邊，連續敲打站棍

搖動玩具鈴鐺的動靜從輕輕的鈴鈴鈴↓噪音等級的哐啷！哐啷！

牠開始在手段上做出變化，讓我不禁心想「真有你的」——但現在不是佩服的時候了。在這時候更要貫徹基本原則：對期望行為給予獎勵，對非期望行為避免做反應。

但當小不點喊出「小——不——點——啊啊啊啊啊！！」實在太逗趣，讓飼主忍俊不禁，當時小不點的表情就好像在說「哦？是這個嗎？」，飼主只能靠意志力約束自己。

抓住重點就能改善呼叫問題！

第一個月我們要徹底執行只要出現期望行為就給予獎勵的「連續強化」措施，等到發生率上升後，就改執行在出現期望行為後給予獎勵的次數慢慢減少的「部分強化」措施（詳見〈Column1〉）。

一個月過去了，牠好像發出過一次比較高亢的叫聲。飼主回顧與鳥寶的互動但沒什麼頭

① 小不點大聲呼叫。

② 聽見飼主喊「小不點～小不點～」會暫時不叫。

③ 又開始大聲呼叫。

④ 飼主：「小不點～好可愛哦～」

⑤ 小不點也用「小不點～」回應。

⑥ 立刻誇牠「真厲害～！！」並給予獎勵。

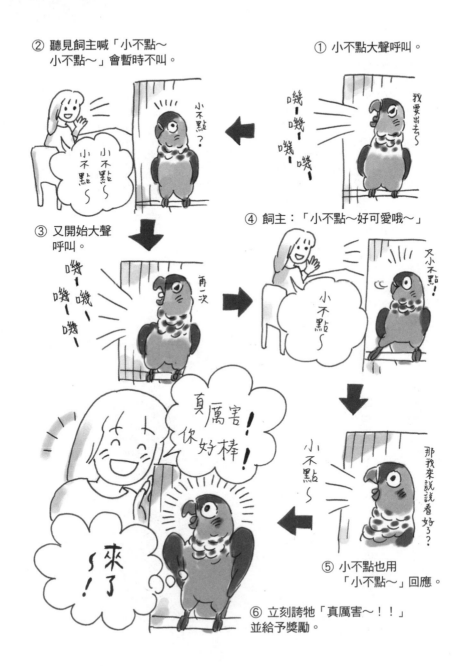

緒，她想：「應該是消弱陡增現象吧？」然後持續按照規則和小不點相處，好像兩天左右就平息了。

在改善呼叫行為方面，第一個月是勝負關鍵。接著就是按照一致的規則持續下去。飼主向我回報，大約三個月後，小不點幾乎沒有再呼叫。但牠偶爾會突然發出尖叫聲，接著像想到「哎呀！這樣沒有用！」一般就停下來了。

「以前我老是在罵牠，都沒有想過要誇獎牠。對不起啊，小不點。」飼主說，同時感嘆：「我都不曉得牠這麼聰明。」小不點的情況是沒有得到適當的教導，表現的方式都是自己學來的。飼主在諮詢前也做了許多嘗試，只不過沒有找到合適的。

每隻鳥都有自己的個性。既然有緣成為一家人，希望大家尊重鳥寶的特質和個性，並學習如何正確適當地表達。鳥寶一定能改變的，但仰賴飼主從旁協助。

針對如何阻止鸚鵡學會呼叫，最後，介紹把和鳥寶之間的「聯絡叫聲」作為遊戲的方法。

聯絡叫聲緩解鳥寶的焦慮

當飼主從鳥寶的視野裡消失時，鳥寶會叫可能是因為焦慮不安。牠會想：「我的同伴不見了！」這時，即使和鳥寶相隔一段距離，也可以吹口哨或說「我在呢～」讓牠放心下來。聯絡叫聲的種類可以根據鳥寶的喜好調整，無論是吹口哨、輕敲桌子（鳥寶則是敲鳥籠裡的站棍或飼料碗）或是搖一搖玩具的鈴鐺，都是可以的。我會建議飼主們將這些暗號作為「聯絡叫聲」使用，可以納入遊戲的一環。對於鳥寶期望的呼叫聲給予反應（用聯絡叫聲回應）可以讓鳥寶感到安心和滿足。

表演專家

本篇配方適合

- 為呼叫感到困擾的人
- 想增加與鳥寶的溝通方式的人

改善亂叫作戰

鸚鵡會群體生活，透過叫聲來確認同伴的安全和所在地。和人類生活在一起的鳥寶會把飼主視為同伴，並像在野外一樣透過叫聲進行溝通交流。換句話說，要牠「別叫！」是不可能的。然而，作為飼主，重要的是不要讓這些叫聲發展成大聲呼叫或尖叫。

和咬人一樣呼叫，是一種學習行為。飼主要非常留意自己的行為。「就這麼一次」的妥協對鳥寶來說會成為一次成功經歷，也會成為部分強化的開端。透過學習行為記住的呼叫行為是很難改善的，在某些情況下，甚至無法達到飼主所期望的改善水準。持續越久，改善就越花時間。想改善呼叫行為，在制定規則後就要徹底地持續執行。就只有這樣。

鳥寶開始呼喚的理由是什麼？

以〈案例17〉的小不點為例，「呼叫」就是牠離開鳥籠的一種手段。像這樣，一定有什麼契機讓鳥寶覺得「只要這麼叫就能得到我想要的！」。如果正為「鳥寶呼叫行為」問題傷透腦筋，你可以觀察鳥寶叫完以後可以得到什麼結果，常見的有「一叫飼主就來我身邊了～」、「我得到了最愛的零食！」訓練鳥寶用可接受的叫聲取代原本的大音量，十分不容易，但還是能或多或少改善的。

● 改善「想出去鳥籠外」的呼叫請見〈案例17〉。

● 接下來介紹如何改善「想把飼主叫來身邊」的呼叫。

改善呼叫的眉角

①制定容許範圍

呼叫的改善方式是教導鳥寶「容許範圍內的音量、音調，或是發出聲音以外的方法」。那麼什麼是容許範圍內的聲音或方法？口哨（音色都不相同）、敲敲桌子或牆壁（以鳥寶的角度來說就是站棍或飼料碗），如果鳥寶會模仿人類說話，也可以活用「飼主的名字」或「過來～」這些詞語。這種時候，採用鳥寶擅長的行為，理解起來會更快。

②統一家庭成員之間的規則

如果是多個人一起生活的話，家庭成員之間要好好討論，達成「這個音量還可以」、「但剛剛那種音量不行」的共識並付諸實踐是很重要的。如果家庭成員之間的認知有差異的話，鳥寶也會很混亂的。

一不見飼主人影就呼叫的情況
（＝無法忍受的聲音）

① 找出鳥寶擅長的事。
例如：講名字／吹口哨／敲站棍
※這裡以口哨為例。

② 飼主一離開就開始呼叫。
鳥寶呼叫的期間不做任何反應（也不要跟牠對到眼）。

③ 保持轉移視線的狀態吹口哨。

④ 如果鳥寶模仿了口哨聲，就立刻給予獎勵！

⑤ 重複吹口哨→獎勵，慢慢將距離拉開。在門口半藏起來，用同樣的方式吹口哨。

⑥ 如果鳥寶在3秒以內用口哨聲回應，就立刻給予獎勵。（關於獎勵→Column 4）

③了解原因

鳥寶是為了什麼而呼叫？因為我們就會靠近牠嗎，或者會把牠放出來活動，還是會給牠最愛的零食？一旦了解原因，就可以活用鳥寶追求的結果來作為訓練的獎勵。

④堅持一致的規則

「只有今天才可以」、「就只有這麼一次」這些人類角度的理由對鳥寶來說完全不適用。想要顛覆至今為止的經驗和實際成果，貫徹到底的一致性和持續性是不可或缺的。

⑤鳥寶也可以透過搭話內容理解

只是要從鳥寶的視線離開一會兒，就說「等一下哦」；當你要外出一段時間比較長的時間，可以說「我出門囉」。像這樣根據場合決定好搭話的台詞，有些時候鳥寶可以理解：「喔，只是暫時看不到人，馬上就會回來了」、「要出門嗎？那我就乖乖在家等吧」。

飼主的行為，像是化妝、拿起包包都可能成為一種信號。鳥寶不喜歡沒有意義的行為，所以如果牠能理解自己要看家一段時間，就不會長時間大聲喊叫了。如果時間很短，則用聯絡叫聲給牠安全感。

有做隔音措施就可以了嗎？

不僅限於大型鳥，對於無法改善呼叫行為，甚或可能給鄰居添麻煩，一般建議對房間本身採取隔音措施，或在鳥籠周圍加裝隔音籠。

然而這麼一來人類或許會覺得輕鬆多了，那麼鳥寶呢？想要確認身為同伴的飼主的所在位置，或者透過過去學習的呼叫來吸引飼主的注意，這些需求是牠們不管怎麼叫都不會得到滿足的。結果，鳥寶會為了滿足自己的願望而想方設法，根據情況可能會發展成更具體的問題行為。

當你使用隔音室或隔音籠，需要考量如何滿足鳥寶的需求。例如在鳥籠內佈置具有吸引力的玩具和覓食道具（尋找食物），或是家人要每隔一段時間對牠說話。

另外，有一派觀點認為用布蓋住鳥籠，鳥寶就不會叫了，但假設你是在入夜前被迫處於深手不見五指的漆黑環境，會有什麼感受呢？而且，在黑暗之中，牠們無法玩玩具，可能不得已只能玩自己的羽毛。

希望所有飼主可以在滿足鳥寶需求的同時，能跟鳥寶變得更加親近，彼此都能度過不被強迫、不需容忍的生活。

碰太郎 @ 牡丹鸚鵡
鳥寶訓練—體驗記
有幸參與這本書的插圖繪畫時，我的心裡OS
哇哇！我自己也想要這本書！
血
企劃書
駒塚苗
撒嬌怪 溫馴
毛根死亡
愛鳥碰太郎10年來總是有尾巴、脖子、腳踝的拔毛和啄羽問題。
10年來一直找獸医做了各種嘗試但也只是時好時壞…
防咬頸圈
碰
吃太多別人的食物被罵
碰
寄宿在朋友家
抑制發情滋養丸
護理滋養丸
早睡早起
……
嘰
嘰
自己夾到下巴，防咬頸圈脫落。冒著生命危險的技藝
把自己的腳咬到看見肉 戴著防咬頸圈也可以是摘除大師。簡直無技可施……

剛好要討論書籍的製作，我帶著碰太郎搭乘新幹線來到了Bird's Grooming Shop。
沒禮貌
得想辦法才行！
碰
碰太郎歡迎你來～
鳥類訓練師柴田小姐
諮詢中
四處覓食…
碰太郎的拔毛問題已經很多年了，要完全改掉很不簡單。
找到更多牠喜歡的東西，增加覓食難度讓牠把興趣轉移到啄羽以外的事情上吧！
找到的好物
福尼奧米等3種種子零食
主食滋養丸和同品牌的零食滋養丸2種
小麥、小米等穀物
眾多飼料中很難找出碰太郎喜歡的食物（不吃的話處理很麻煩）可以一小份一小份嘗試真是幫了大忙。

覓食道具範例
故意提高吃的難度
把零食放進藤球裡
滾動覓食球就會有飼料從孔中掉出来
把種子塞在稻草的縫隙裡
在零食碗放進一些玩具
把零食或是類似電線的繩子嵌在材質軟的木塊上
這樣啊～放討厭的飼料！大開眼界……
牠不喜歡的營養丸雖然不是玩具，但也可以混在零食盒裡。
牠不會果斷表示牠不喜歡～
一邊迴避一邊吃也是很好的刺激。
就算一開始不玩，也可能突然就打開開關。
快速搖動鳥籠的柴田小姐
談話時，碰太郎很介意傷口，時不時就弄一下。
養成了壞習慣
厭惡刺激（→案例8）
不過必須準備一個『更好的東西』（替代行為）

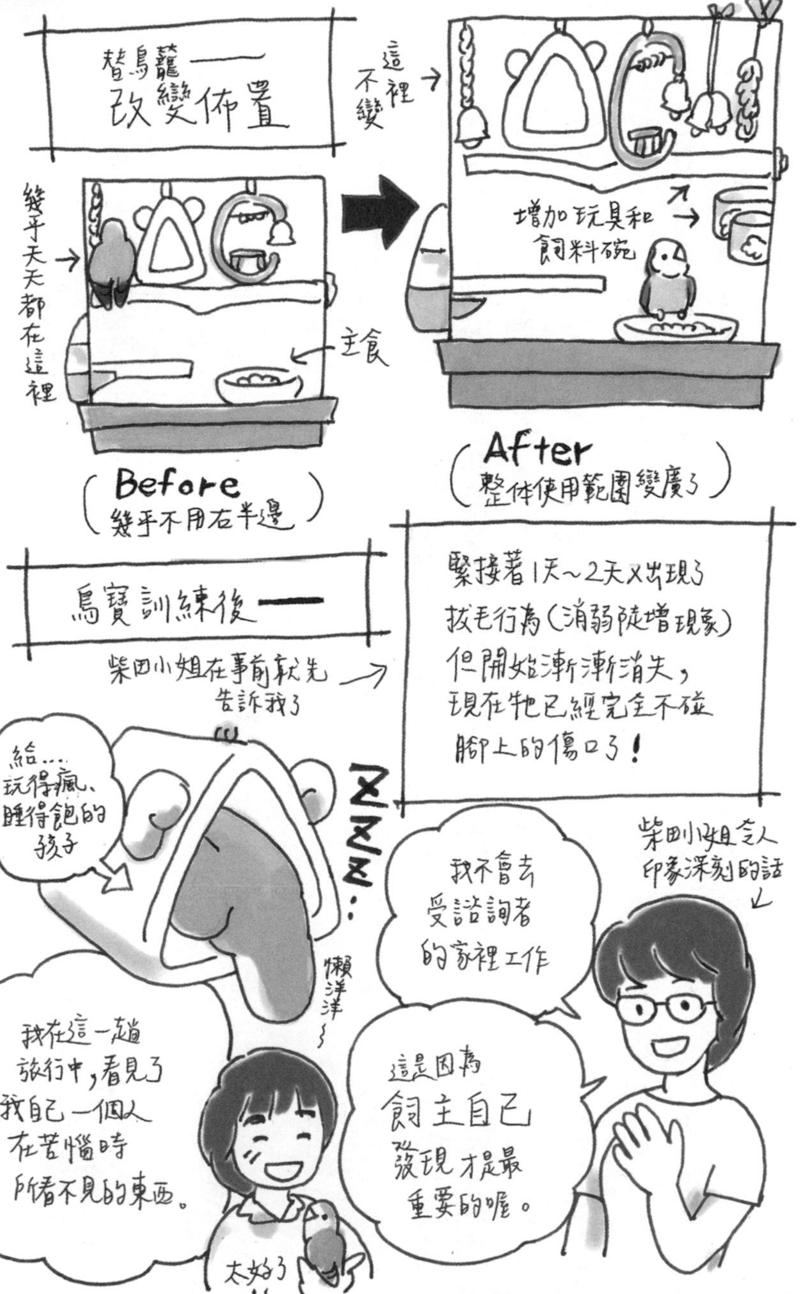
替鳥籠——
改變佈置
這裡不變
幾乎天天都在這裡
主食
增加玩具和飼料碗
Before
幾乎不用右半邊
After
整體使用範圍變廣了
鳥寶訓練後——
柴田小姐在事前就先告訴我了
緊接著1天～2天又出現了拔毛行為（消弱陡增現象）但開始漸漸消失，現在牠已經完全不碰腳上的傷口了！
給……玩得瘋、睡得飽的孩子
ZZZ…
懶洋洋～
柴田小姐令人印象深刻的話
我不會去受諮詢者的家裡工作
這是因為飼主自己發現才是最重要的喔。
我在這一趟旅行中，看見了我自己一個人在苦惱時所看不見的東西。
太好了!!

＊消弱陡增現象……〈Column 1〉

後記

比起我們所教的，鳥寶讓我們學習到更多

回過神來，我踏入應用行為分析學已經有十年了。

進入這個領域的契機是因為我遇見了一隻玄鳳鸚鵡。和大家一樣，我想要讓我和鳥寶的生活變得更好，在摸索的過程中遇見的就是應用行為分析學。從最先推廣這個領域的青木愛弓老師的書籍，及海外書籍和講座開始學習，剛開始與我的鳥寶一起實行時，牠轉眼間就學會了各種技巧，讓我初次見識到鸚鵡的聰明。隨著我閱覽更多問題行為的解決事例，疑神疑鬼的我就在想，難道即便是外行人用同樣的方法也有機會改善嗎？興起了「我想試試看！」的念頭。後來，我有機會和有問題行為的鳥寶、對手或人懷有恐懼心理的鳥寶面對面，而疑慮終於轉變為確信。我的愛鳥克服長久以來的恐懼後第一次上手時，牠腳掌的觸感仍歷歷在目，這份感動根植於心底。原來，只要使用適當的方法，鳥寶都做得到。如果輕易放棄，或者認定牠辦不到，是永遠無法前進的。

我比較貪心，「如果有這麼好的方法，希望更多飼主都能知道！」這樣的心情湧上心頭，支撐我走到現在。

在接觸到橫濱小鳥醫院海老澤院長的想法和感受後，現在最不可動搖的一個軸心是，即使傷口和疾病可以在醫院治療，但如果根本原因在於包括人類在內的周圍環境，那麼除非改善這一部分，否則根本就沒有解決問題。我希望醫院在醫學方面以外，還能具備從環境層面和行為學的角度支援人類和鳥寶生活得更好的體制。

最後，我要感謝用心編輯這本書的 3season 的伊藤小姐、將插圖畫得維妙維肖的駒塚苗、在照片裡呈現最真實的表情和動作的白田先生與小佐兵長，以及從醫學觀點撰寫小單元的海老澤院長，非常感謝所有人的大力支援與協助。我還要向相信我、願意配合我執行改善計畫的所有飼主和鳥寶，表示衷心的感謝。大家才是真正教會了我很多東西的人。

鳥寶只能在飼主給予的特定環境中生活。飼主是唯一可以讓鳥寶活得健康快樂的人。為此，飼主正確的知識和永不放棄的心態是很重要的。如果這本書哪怕能幫上一點點的忙，我都會非常高興的。鳥寶的可能性可是無窮無盡的。

鳥類訓練師　柴田祐未子